4週間でマスター

1級 電気工事施工管理 第二次検定

若月 輝彦 編著

弘文社

まえがき

この本は，電気工事施工管理技術検定１級の第二次検定に合格するために編集された本です。

本試験は建設業法の試験制度改正によって，令和３年度より従来の学科試験，実地試験から第一次検定，第二次検定へと再編されました。

この本を手にされている方はすでに**１級電気工事施工管理の第一次検定**に合格して**「１級電気工事施工管理技士補」**となり，**監理技術者補佐**として重要な役割を担っておられることでしょう。

そしていよいよ**「１級電気工事施工管理技士」**を目指して**第二次検定**に挑むことになります。

本試験の出題範囲は施工管理体験，施工管理に始まって，電気設備全般及び法規と多岐にわたって出題され，受検者に多大な負担を強います。また，施工管理のテーマとなる工程管理や安全管理などの問題は必須問題となっており確実な理解が求められます。

しかし，第一次検定の内容と第二次検定で出題される内容は，重複している部分も多く第二次検定の実際の学習は，施工経験の特別な出題方式を除けば，一次検定との知識の共有が可能で，受検者の負担は思ったほど多くはありません。

本書は４週間で合格に必要な知識を得ることが出来るように項目別に区切って理解しやすいように編集してあります。１日に学習する範囲を逆算して確実に学習を進めるようにして下さい。

１級電気工事施工管理技士一人につき，企業の「経営事項審査」の技術力評価が当該許可業種ごとに５点配点される等，その役割と使命は重要で高い社会的評価を得ています。

本書を使用して最小の時間で合格に到達され高い社会的評価が得られるよう願っております。

著者しるす

目 次

第3章 電気に関する計算問題（53）

第4章 電気工事に関する用語（81）

第5章　法規関連（179）

受検ガイド

1. 書面申込とインターネット申込

① 当年度第一次検定合格者

7月中旬の第一次検定合格発表と同時に受付開始される第二次検定受検料の支払いによって申込手続きが完了となります。

② 第一次検定免除者

1月下旬～2月上旬（年によって変わります。必ず事前に確認して下さい）

a）第一次検定のみ合格者（インターネット申込も可）

b）第一次検定免除者（新規受検者は書面のみ・再受検者はインターネット申込も可）

2. 試験日

10月中旬（年によって変わります。必ず事前に確認して下さい）

3. 試験地

札幌，仙台，東京，新潟，名古屋，大阪，広島，高松，福岡，沖縄 （年によって変わります。必ず事前に確認して下さい）

4. 受検料

第二次検定　　13,200円

5. 受検資格

① 1級電気工事施工管理技術検定第一次検定の合格者で，第二次検定受検に必要な実務経験等，一定の受検資格を満たしている者

② 技術士法による技術士の第二次試験のうち，技術部門を電気電子部門，建設部門又は総合技術監理部門（選択科目が電気電子部門又は建設部門）のいずれかに合格し，なおかつ1級電気工事施工管理第二次検定の受検資格を有する者

注：令和6年度の試験より，受検資格の内容が変更されます。
各自必ず試験機関ホームページ等で最新の情報を確認して下さい。

6. 試験の内容

① 第二次検定は，施工管理法について，記述式と五肢択一マークシート方式による筆記試験を行います。

② 建設業法施行令に基づく試験の科目及び基準は，次のとおりです。

科目	検定基準	知識能力	解答形式
施工管理法	1　監理技術者として，電気工事の施工の管理を適確に行うために必要な知識を有すること。	知識	五肢択一
	2　監理技術者として，設計図書で要求される発電設備，変電設備，送配電設備，構内電気設備等（以下，「電気設備」という。）の性能を確保するために設計図書を正確に理解し，電気設備の施工図を適正に作成し，及び必要な機材の選定，配置等を適切に行うことができる応用能力を有すること。	能力	記述

7. 試験時間

受　付	入室時間	問題配付説明	試験時間
12：00〜	12：30まで	12：45〜13：00	13：00〜16：00

8. 問い合わせ先

一般財団法人　建設業振興基金　試験研修本部
〒 105-0001　東京都港区虎ノ門4丁目2番12号
虎ノ門4丁目MTビル2号館
電話03（5473）1581（代表）

以上の項目については変更される場合があるので，必ず「一般財団法人建設業振興基金，試験研修本部」（http://www.fcip-shiken.jp）に問い合わせして下さい。

第二次検定の出題数と解答数（参考）

区　分	出題数	解答数
施工経験記述	1	1
施工管理に関する方法・対策	1	1
電気工事に関する技術的な内容	1	1
電気に関する計算問題	1	1
法　規	1	1
計	5	5

第二次検定　出題パターンの解説

試験制度が変わり，出題順序や出題形式の変動，また電気に関する計算問題が新出されるなどの変動がありましたが，第二次検定［出題5問］には決まったパターンがあります。

このパターンを把握して試験に臨むことが合格への決め手となります。

第二次検定の第1問　⇨　本書の第1章

実際に自分が経験した工事の概要に関して問われます。

最近の傾向としては，「墜落・飛来落下災害の対策と感電事故に対する対策」と「工程に関する対策と品質に関する対策」が多く出題されています。これはあくまでも最近の傾向なので将来を補償するものでは有りませんが，これらに関する経験をよくまとめておくと良いでしょう。

具体的な解答例は工事経験の項目の所で詳しく示してあります。

第二次検定の第2問　⇨　本書の第2章

安全管理，品質管理及び工程管理及び施工方法等に関する複数（4～6問程度）の用語の中から，2つ選んで，その**内容**や**施工上の留意点**をそれぞれについて2つ解答します。

出題例

1. 電気機器の耐震対策　　2. 電気鉄道の電食対策
3. 送配電線の塩害対策　　4. 機器等の防水対策
5. 送電線の塩害対策　　6. 配管等の防火区画貫通処理

この出題例では施工方法に関する語句の内容について**2つ具体的**に記述するように求められています。解答する行数は3行から4行を目安にします。

解答例

1. 電気機器の耐震対策

① 高圧配電盤，低圧配電盤等の電気機器は，移動，転倒が生じないように**建築構造体に直接固定**する。電気機器の配置は，**床置きを基本**とし，天吊り及び壁掛けによる取り付けは極力避けるようにする。

② 固定用の**アンカーボルトの使用サイズ**，**本数**は想定する地震に対して移動，転倒が生じないようなものを使用する。
③ 据付け面積に比較して，高さの高い機器は，**機器の頂部や背面から支持**できるような場所に配置する。

この例のように 4 ヶ所具体的な内容が示されているので，この解答で十分と思われます。

第二次検定の第 3 問 ⇨ 本書の第 4 章

電気工事に関する用語 12 問の中から 4 問選んで**技術的な内容**をそれぞれについて**2 つ**具体的に記述します。
ただし，技術的な内容とは，**施工上の留意点**，**選定上の留意点**，**動作原理**，**発生原理**，**定義**，**目的**，**用途**，**方式**，**方法**，**特徴**，**対策**などをいいます。

出題例

例えば，**「スコット結線」**が出題されたらこれは**「目的，用途，特徴」**などに該当するので，

解答例

「**スコット結線**は，**三相交流**を**二相交流**に**変成**する結線で，大容量の**単相負荷**，たとえば，**電気炉**，**交流式電気鉄道**などの電源用変圧器の結線に用いられる。同一定格の単相変圧器 2 台を用いてスコット結線にした変圧器の**利用率**は，負荷が平衡していれば，理論的に 86.6% となるが，はじめからスコット結線変圧器専用のものを設計，製作すれば，利用率を 92.8% に向上させることができる。」

の 4 項目を示せば十分です。少なくともこの中の 2 項目が示せれば良いでしょう。

12 問中 4 問選択なのであまり神経質にならずに技術的な内容の中身をよく理解すれば大丈夫です。

第二次検定の第 4 問 ⇨ 本書の第 3 章

新制度から電気に関する計算問題が 2 問出題されています。

第一次検定でも出題されていた内容ですので，それほど心配することはないと思いますが，第3章に演習問題を多数盛り込んでいます。

復習もかねてじっくり学習してください。解答は5肢択一のマークシート方式です。

第二次検定の第5問 ⇨ 本書の第5章

法規に関する問題が3問出題されます。最近の傾向としては，「建設業法」及び「電気事業法」からの出題がほとんどです。出題形式は新制度問題から，空白の中の言葉を5肢の中から一つ選ぶマークシート方式になっています。

出題例

「建設業法」に定める次の法文において，[　　　]内に当てはまる語句として，定められているものはそれぞれどれか。

建設業の許可を受けなくても請負える軽微な建設工事とは，工事一件の請負代金の額が建築一式工事にあっては[　ア　]に満たない工事又は延べ面積が150平方メートルに満たない木造住宅工事，電気工事にあっては[　イ　]に満たない工事である。

ア　①500万円　②750万円　③1000万円　④1500万円　⑤2000万円

イ　①150万円　②300万円　③500万円　④750万円　⑤1000万円

法改正情報

近年の工事費の上昇を踏まえ，金額要件の見直しにより，下記の**金額が変更**されています。

（建設業法施行令の一部を改正する政令　令和5年1月1日施行）

	改正前	**改正後**
特定建設業の許可・監理技術者の配置・施工体制台帳の作成を要する下請代金額の下限	4000万円 (6000万円)	**4500万円 (7000万円)**
主任技術者及び監理技術者の専任を要する請負代金額の下限	3500万円 (7000万円)	**4000万円 (8000万円)**

（　　）建築一式工事

第1章
施工経験記述

1．安全管理に関する施工経験
2．工程管理に関する施工経験

学習のポイント

施工経験記述は実際に行った工事現場での安全に関する経験又は工程管理に関する経験が出題されます。当然のことながら各工事現場によりその状況が異なってきますので受検者が実際に遭遇した経験を具体的に記述するようにして下さい。第二次検定では問題の多くが記述式になっていますので普段から文章を書く練習も重要な試験勉強となります。最近ではワープロの普及により筆記する機会が少なくなっているので，意外と漢字が出てこないことがよくあります。第二次検定の学習では実際に解答を書いてみる訓練を行って下さい。文字を奇麗に書くことより，自分の知識を確実に伝えることは思った以上に難しいことです。普段の習慣が実際の試験会場で役立つことになるでしょう。

1. 安全管理に関する施工経験

【重要問題１】

あなたが経験した**電気工事**について，次の問に答えなさい。

1－1 経験した電気工事について，次の事項を記述しなさい。

(1) 工事名 ＿＿＿＿＿＿＿＿＿＿

(2) 工事場所 ＿＿＿＿＿＿＿＿＿＿

(3) 電気工事の概要

(イ) 請負金額（概略額） ＿＿＿＿＿＿＿＿＿＿

(ロ) 概　要 ＿＿＿＿＿＿＿＿＿＿

＿＿＿＿＿＿＿＿＿＿

＿＿＿＿＿＿＿＿＿＿

(4) 工　　期　　　年　　月　～　　　年　　月

(5) この電気工事でのあなたの立場 ＿＿＿＿＿＿＿＿＿＿

(6) あなたが担当した業務の内容 ＿＿＿＿＿＿＿＿＿＿

1－2 **上記の電気工事の現場**において，**墜落災害**又は**飛来落下災害**が発生する危険性があると，あなたが予測した**事項とその理由**を**２項目**あげ，これらの**労働災害**を防止するために，あなたがとった**対策**を項目ごとに**２つ**具体的に記述しなさい。

ただし，２項目は，墜落災害２項目，飛来落下災害２項目，墜落災害及び飛来落下災害各１項目のいずれでもよいものとするが，対策の内容は重複しないこと。

また，**保護帽の着用のみ**及び**安全帯（要求性能墜落制止用器具）の着用のみ**の記述については配点しない。

⑴ 事項と理由

(イ) 対 策

(ロ) 対 策

⑵ 事項と理由

(イ) 対 策

(ロ) 対 策

1－3　上記（1－1）の**電気工事の現場**において，電気工事に従事する労働者に**感電災害**が発生する危険性があると，あなたが予測した**作業内容とその理由**をあげ，あなたがとった**対策**を具体的に記述しなさい。

作業内容と理由

____

____

対　策

____

____

解答例

1－1　経験した工事の次の事項について記述しなさい。

⑴　工事名　**○○ビルディング　新築工事**

⑵　工事場所　**○○県○○市○○町1丁目1番1号**

⑶　電気工事の概要

㈠　請負金額（概要）　**○○万円**

㈡　概　要　**RC○○階延床面積○○m²，受変電設備，幹線動力設備，電灯コンセント設備，キュービクル（動力計○○kV・A，電灯計○○kV・A）**

⑷　工　期　**令和○○年○月～令和○○年○月**

⑸　上記電気工事でのあなたの立場　**現場代理人**

⑹　あなたが担当した業務の内容　**施工管理**

1−2

⑴ 事項と理由

階段の天井部分の照明器具取り付け工事において，階段部分の天井の高さが高くまた，階段の途中の器具の取り付けも有り足場が悪い作業となるので，作業員の転落事故を予測した。

㈠ 対 策

階段踊り場に足場を組んで作業者が安全に作業が出来るように手配した。

㈡ 対 策

下部の階段の踊り場の足場の一番高い所は 2 m を超えるので作業員の転落を防止するために，足場への昇降装置，手すり等を設け作業員には安全帯と安全帽を確実に着用させ，万が一の転落時の安全を確保した。

⑵ 事項と理由

高所作作業車による天井部分の露出配管工事なので，配管，部品及び作業員の工具が落下することを予測した。

㈠ 対 策

長い配管は落下防止用のロープを付けて万が一落下しても下まで落ちないように養生した。又，作業者の工具も落下しても下へ落ちないようにひも等で工具を結び工具袋と連結した。

㈡ 対 策

高所作作業車の下の作業範囲は立ち入り禁止の措置と表示を行い監視者を配置し他の作業者の安全を確保した。

1－3

作業内容と理由

雨の降った後の作業場所が濡れている所での電動工具を用いた作業だったので，電動工具の漏電による感電事故を予測した。

対　策

電動機械器具の電線に損傷がないかを確認させ，電動機械器具の接地の有無と漏電遮断器について使用前に点検させた。

1－1

⑴　工事名については建物名称とか地区名称などの固有名詞をまちがえないように記述して下さい。

⑵　工事場所は実際に行った地区の都道府県名，市または郡名および町村名を記入して下さい。忘れた場合でも記憶している範囲で必ず書いておきます。

⑶　工事の概要については概ね実務経験として認められる工事の種類として下さい。認められている電気工事の種別としては次のようになります。

①　発電設備工事
②　変電設備工事
③　送配電線工事
④　引込線工事
⑤　電車線工事(鉄道用の変電所・き電線の工事，電車線工事，鉄道信号・制御装置工事)
⑥　構内電気設備工事（建築物・トンネル等電気設備工事，工場・プラント等の監視・電気的計測制御を含む電気工事）
⑦　信号設備工事（交通信号工事，交通情報・制御・表示装置工事）
⑧　照明設備工事（道路・屋外競技場等の照明工事）
⑨　ネオン装置工事

電気工事として認められないものは次のようになります。

① 電気通信工事，構内電気設備工事のうち，単独で工事又は監理契約した電話交換設備工事・消防用設備工事・CATV 工事・電波障害防除工事・電算機等情報処理装置工事（電源設備部分を除く。）等
② 機器の製造，据付又は修理工事
③ 設計，積算，保守・保安（メンテナンス），事務，営業，工事の雑役などの業務。（ただし，保守・保安（メンテナンス）業務については，増改設等の工事に該当する部分を除く。）
④ 研究所，学校（大学院等），訓練所等における研究，教育又は指導等の業務

工事の規模を示すものとして，何階建てで，建物の構造（SRC（鉄骨鉄筋コンクリート造），RC（鉄筋コンクリート造）等）と建築延床面積○○ m^2 を記入します。また，電気工事の規模を示すものとしてキュービクル動力○○kV・A，電灯○○kV・A などと書きます。自家用発電設備がある場合には，○○V，○○kV・A などとします。

⑷ 工期については実際に行った工期を正確に令和○○年○○月～令和○○年○○月というふうに記入して下さい。工事の概要にくらべて工期が短かったり，長かったりすると記述した内容が疑われますので十分に注意して下さい。

⑸ 工事でのあなたの立場は請負者側としては現場代理人，主任技術者，監理技術者，現場技術員，現場事務所所長などがあります。また発注者側としては，現場監督員，主任監督員，工事監理者及び工事事務所所長などがあるので，この中から該当するものを選んで記入して下さい。

⑹ あなたが担当した業務の内容としては次のように分類できます。

① 施工管理：受注者（請負人）の立場で施工を管理（工程管理，品質管理，安全管理等を含む）
② 設計監理：設計者の立場での工事監理業務
③ 施工監督：発注者側の立場で現場監督技術者等としての工事監理業務

1−2

⑴ 工事現場の安全管理の目的（労働災害の防止）は作業員や工事現場の付近の人たちに危害をあたえないようにして，無事故で工事を終えることにあります。工事現場における安全管理を行う上で重要な項目は次のように

なります。

① 運搬災害の防止
② 墜落などによる危険の防止
③ 火災の予防
④ 機械器具などによる危険の防止
⑤ 有資格者以外の就業制限
⑥ 電気による危険の防止
⑦ その他の作業における危険の防止
⑧ 現場での安全教育

解答では上記の中から実際の工事中に生じた事項と理由について，自分が最も留意したことを選んで解答します。工事の概要で記述した内容に相当するものとして下さい。処置や対策については⑶で記入することになっているのでここでは事項と理由のみを書くことに注意して下さい。

⑵ ここでは，1−2の事項について簡潔でわかりやすい表現で処置又は対策を記述して，その結果の成功例を記入して下さい。墜落災害又は飛来落下災害に関しては，次のようなことに留意します。

① 作業床の設置等
② 囲い等の設置
③ 安全帯（要求性能墜落制止用器具）等の取付設備等
④ 悪天候時の作業禁止
⑤ 照度の保持
⑥ 高所からの物体投下による危険の防止
⑦ 物体の落下による危険の防止
⑧ 物体の飛来による危険の防止
⑨ 保護帽の着用

1−3

感電災害の危険性がある作業は，

① 仮設の配線によるもの
② 電動工器具によるもの
③ 活線作業によるもの

④　活線近接作業によるもの
⑤　停電作業によるもの

などがあります。

⑶　感電災害に関しては，次のようなことに留意します。

①　電気機械器具の充電部分の囲い等
②　漏電による感電の防止
③　仮設配線等の絶縁被覆の保護
④　電気絶縁用保護具の使用

2．工程管理に関する施工経験

【重要問題２】

あなたが経験した**電気工事**について，次の問に答えなさい。

1－1　経験した電気工事について，次の事項を記述しなさい。

(1)　工事名　＿＿＿＿＿＿＿＿＿＿＿＿

(2)　工事場所　＿＿＿＿＿＿＿＿＿＿＿＿

(3)　電気工事の概要

(ア)　請負金額（概略額）　＿＿＿＿＿＿＿＿

(イ)　概　要　＿＿＿＿＿＿＿＿＿＿＿＿

＿＿＿＿＿＿＿＿＿＿＿＿

＿＿＿＿＿＿＿＿＿＿＿＿

(4)　工　期　　年　月～　年　月

(5)　この電気工事でのあなたの立場　＿＿＿＿＿＿

(6)　あなたが担当した業務の内容　＿＿＿＿＿＿

1－2　**上記の電気工事の現場**において，施工中に発生した又は発生すると予想した**工程管理上の問題とその理由**を**２つ**あげ，これらの問題を防止するために，あなたがとった**対策**を問題ごとに**２つ**具体的に記述しなさい。

ただし，対策の内容は重複しないこと。

⑴ 問題と理由

⑴ 対　策

⑵ 対　策

⑵ 問題と理由

⑴ 対　策

⑵ 対　策

1−3 上記（1−1）の電気工事の現場において，施工の計画から引渡しまでの間の品質管理に関して，あなたが特に留意した事項とその理由をあげ，あなたがとった対策を具体的に記述しなさい。

事項と理由

対　策

解答例

1−1 これについては安全管理の所を参考にして下さい。

1−2

(1) 問題と理由

長雨により鉄筋工事が遅れたのでコンクリート打ち込みの遅れが生じ，コンクリート打ち込みの遅れによる電気配管工事の遅れが予想された。理由として，電気工事は建築工事の工程と同期しているので大幅に工程が遅れる事があり，事前に遅れる場合の手当をしておかなければならないため。

(イ) 対　策

現場での加工作業が極力少なくなるような材料を使用した結果，配管工事の工程を短縮できた。

(ロ) 対　策

工程の見直しを行い工事の待ち時間の短縮を計り，予定通りの工期で作業を終了することができた。

⑵ 問題と理由

予定していた機器・材料の製作が遅れて，搬入時期が関連する建築工事の工程とほぼ重なってしまうことになって，建築工事の遅れが生じることが予想された。理由として，この工事は先に機器を据え付けなければ建築工事ができないため。

(イ) 対　策

機器の製作工場に製作を早めるように要求し，搬入の遅れは最小限にとどめることが出来た。

(ロ) 対　策

工程会議において機器の製作の遅れがあることを告げて各業者に工程の調整を要求して当初の工程通りに工事を終了することができた。

1−3

事項と理由

精密機器の搬入時の損傷に留意した。搬入経路がまだ施行中の為，残材等が散乱し足場が悪いため。

対　策

搬入前に搬入路の片付けを行い，足場を確保し，搬入時の作業員と誘導員を増員して慎重に搬入作業を行った結果，精密機器に損傷を与えることなく無事搬入を終了することが出来た。

解説

1−1

これについては安全管理の所を参考にして下さい。

1−2

工程管理で留意する項目は次のようになるので，自分の体験に当てはめてよくまとめておくようにして下さい。

① 設計指示の遅れ，工事途中における設計変更
② 官公庁への届出の遅れによる工程への影響
③ 発注者等の要望で，工期短縮が必要なとき
④ 施工計画の欠陥による工程への影響
⑤ 施工方法の変更による工程への影響
⑥ 機械化を図ることによって，工程を短縮する工事
⑦ 設備工事など他工事の発注の遅れによる工程への影響
⑧ 作業時間の調整による工程への影響
⑨ 悪天候による工程への影響
⑩ 交通渋滞による作業量の低下
⑪ 不充分な事前調査による工程への影響
⑫ 工事中の災害により，一時施工が中止した場合
⑬ 労務不足による工程への影響
⑭ 予期せぬ障害物の発生により，一時施工が中止した場合
⑮ 作業順序の変更による工程への影響

1−3

品質管理上の処置又は対策に関する出題では，次のようなことを留意すると良いでしょう。

① 機材搬入時の搬入計画，搬入経路の確保，搬入後の機材の養生。
② 温度・湿度など保管時の状態に注意し，問題が有れば改善する。
③ 発注した機材等が注文書と同じものか，又数量は不足がないかを確認する。
④ 不良品が発見された場合は速やかに場内から搬出するか，不良品であることを明確に認識出来るように表示等を行い，工事で使用されないように管理する。
⑤ 機器等は引き渡しが終わるまでは関係者以外は触れられないように養生し損傷を防止し，温度・湿度の管理を行う。

第２章
施工管理に関する用語

1. 品質管理その１（各種計画）
2. 品質管理その２（建設副産物適正処理推進要綱等）
3. 品質管理その３（各種対策その１）
4. 品質管理その４（各種対策その２）
5. 品質管理その５（施工方法等）
6. 安全管理その１（労働災害の防止）
7. 安全管理その２（労働災害の防止）
8. 安全管理その３（労働災害の防止）
9. 安全管理その４（労働災害の防止）
10. 安全管理その５（労働災害の防止）

学習のポイント

施工管理に関する用語はほぼ同じ問題が繰り返し出題されているので本書で解説されている用語を十分に理解して下さい。選択問題なのですべて理解できなくても大丈夫です。自分の施工経験も役立つでしょう。

1．品質管理その１（各種計画）

【重要問題３】

電気工事に関する次の語句において，**適正な品質を確保するための方法**を，それぞれについて**２つ**具体的に記述しなさい。ただし，内容は**重複しないこと**とする。

1．配員計画　　2．資材計画
3．搬入計画　　4．進度管理
5．資材管理　　6．機器管理

解答

1．配員計画

各工期を通じて作業に対して，現場作業員が少なかったり多かったりしないように，**各工程**に見合った**配員計画**を立てなければならない。**配員計画**は工程表を基にして，**各工期**に**必要**な**所要作業員数**を割り出す。ネットワーク工程表により，工程の山積みを作り人員の**平準化**を図るために**山崩し**を行い，**労働者数**を**平均化**する。

2．資材計画

資材は各工期において**必要**な分を**随時搬入**するようにし，その資材が必要でない工期においてその資材を保管することがないように資材計画を立てなければならない。特に**大型**の資材は**工期外**に**搬入**するとその**置き場に困る**ことになるので，他の作業との調整も含めて十分な準備が必要である。

3．搬入計画

搬入時に他の**作業の邪魔**となったり，他の搬入材がまだ使用されていなくて**置き場に困らない**ようにしなければならない。特殊な機器などは発注してから**制作日数**が想定より掛かるものがあるので，十分な余裕を持てるように**搬入計画**を立てなければならない。

4. 進度管理

電気工事の工程は，**基礎工事**の段階から仕上げの段階までほぼ**総ての工期**にわたって**現場作業員を配置**しなければならない。また，**電気工事は建築工事との関連**が多く独自の工程を組むのは困難が多いので，建築工事の工程の変化をすばやく読み取り他の業種と**協調性**を保ちながら**進度管理**を行う必要がある。

5. 資材管理

工事現場において搬入された資材の管理を行ううえで，適正な品質を確保するための確認方法は次のようになる。

① 確認作業により不適合となった資材は直ちに場外に搬出する。しかし，搬出が困難な場合には，適合品と保管場所を区別し誤って不適合品を使用しないように管理しなければならない。

② 現場内の管理を合理的に行うために資材のリストを作成して定期的な在庫チェックや保管状態を記録に残す。

③ 資材が雨，塵埃，湿気及び適温を超える環境下におかれないような環境を保つ。

④ 資材が作業や車両の通行の障害とならないように置き場を工夫し，資材の破損を防止するような養生をする。

6. 機器管理

① メーカーカタログにおいて，製造者，製造年月日及び工場試験データ等を確認する。

② 機器が，電気用品安全法，電気設備技術基準，消防法，建築基準法，JIS等の法律などで規定されている場合には規定に従ったものかどうかを確認する。

③ 機器の設置後において，不良個所や故障が発生した場合の管理・保守上の問題点がないかを確認する。

④ 機器が取り付けられる場所において，耐候性，耐熱性などに問題がないかを確認する。

⑤ 現場に搬入された機器に損傷や異常がないかを確認し，材料が使用されるまで材料に問題が発生しないような保管場所の確保。

⑥ 工場検査を行う場合には，機器の性能確認を行う。

2．品質管理その2（建設副産物適正処理推進要綱等）

【重要問題4】

電気工事に関する次の語句において，**適正な品質を確保するための方法**を，それぞれについて**2つ**具体的に記述しなさい。ただし，内容は**重複しないこと**とする。

1．減量化
2．分別収集
3．リサイクル
4．マニフェスト

解答

1．減量化

建設副産物適正処理推進要綱では，**建設廃棄物の減量化**に関して，**発注者**及び**施工者**は，工事現場からの建設廃棄物の排出を抑制するため，**建設廃棄物の発生量の抑制**並びに工事現場内での建設廃棄物の**再利用**及び**減量化**に努めなければならないと示されている。建設廃棄物の減量化についての方法として，次のことがあげられる。

① 材料や機器等に使用される**梱包材**は出来るだけ**簡素**なものとし，繰り返し使用可能なものとする。

② 施工計画および資材搬入管理において，工事で**実際に使用されない材料の発生**を出来るだけ少なくするようにする。

③ 余剰資材は納入業者に返却し，持ち込んだ**余剰資材**は工事終了時に**下請け業者**に引き取らせる。

2．分別収集

建設副産物適正処理推進要綱では，建設廃棄物の分別収集について，**一般廃棄物**は，**産業廃棄物と分別**し，**再資源化**が可能な産業廃棄物については，再資源化施設の受入条件を勘案の上，破砕等を行い，**分別**すること等が規定されている。工事現場における分別収集について具体的方策として，次のことがあげられる。

① 紙類，金属等**再資源化**が可能なものについては，**現場**において**分別**を行う。

② **減量化**するもの，**再利用**するもの，**埋め立て処分**するもの及び一般廃棄物等を区別して**分別収集**を徹底する。

3. リサイクル

建設副産物適正処理推進要綱には，**元請業者**は，工事現場から排出する**建設廃棄物**について，**再資源化施設**及び**中間処理施設**（脱水，乾燥，焼却等を行う）を活用し，**再資源化**，**減量化**に努めなければならないことが示されている。また，資源の有効な利用の促進に関する法律による建設業関係の**指定建設副産物**には，**土砂**，**コンクリートの塊**，**アスファルト・コンクリートの塊**又は**木材**がある。**指定副産物以外**の建設副産物でも**金属類**，**紙類**，**塩ビ**等は**リサイクル**を推進しなければならない。

4. マニフェスト

マニフェスト制度とは**産業廃棄物の処理及び清掃に関する法律**に定められており，マニフェストとは**産業廃棄物**の**排出**，**収集運搬**，**処分**の各段階で排出事業者，収集運搬業者，中間処理業者及び最終処分業者の受け渡しを確認するための**複写式伝票**をいう。**マニフェスト制度**とは，このマニフェストを使用して，排出事業者から収集運搬業者及び中間処理業者又は最終処分業者へ，**産業廃棄物**（泥沼，廃油，廃プラスチック類，ゴムくず，金属くず及びガラス及び陶磁器くず）の**名称**，**種類**，**性状**や**取扱い上の注意**事項などの情報を伝達し，同時に排出事業者が**産業廃棄物の流れ**を**自ら管理する仕組み**をいう。**マニフェスト制度の導入**より，産業廃棄物の不適正な処理による**環境汚染**や社会問題となっている**不法投棄**を**未然に防止**できる。

3．品質管理その３（各種対策その１）

【重要問題５】

電気工事に関する次の語句において，**適正な品質を確保するための方法**を，それぞれについて**２つ**具体的に記述しなさい。ただし，内容は**重複しないこと**とする。

1．防振対策　　2．電気機器の耐震対策
3．機器等の防水対策　　4．防爆対策
5．延焼防止対策　　6．防錆対策

解答

1．防振対策

① 変圧器などの機器の**質量を軽量化**することによって振動を軽減する。

② 機器を据え付ける部分に**コンクリートの基礎**を設けることにより振動の減衰効果を高める。振動を吸収する**防振装置**を用いる。

③ 機器の据え付け部分に振動を吸収するゴムなどを施設して，**振動を吸収**する。

④ 機器から発生する振動が伝播しないように，配管部分などには**フレシキブル継ぎ手**を使用して，振動が伝播しないようにする。

2．電気機器の耐震対策

耐震対策の対象は，**配管**，**ケーブル**，**基礎及び電気機器**などが考えられるが，**電気機器**の耐震対策は，次のように行う。

① 高圧配電盤，低圧配電盤等の電気機器は，移動，転倒が生じないように建築構造体に直接固定する。電気機器の配置は，床置きを基本とし，天吊り及び壁掛けによる取り付けは極力避けるようにする。

② 固定用のアンカーボルトの使用サイズ，本数は想定する地震に対して移動，転倒が生じないようなものを使用する。

③ 据付け面積に比較して，高さの高い機器は，機器の頂部や背面から支持できるような場所に配置する。

3. 機器等の防水対策

防水対策の対象は，**機材**及び**機器**等などが考えられるが，機器等の防水対策は，次のように行う。

① 機器等に雨水等が浸入しないように機器等と壁や柱の間にパッキンを挿入する。また，コーキング等により**防水処理**を行う。

② 屋外に設置する機器等の通気口から雨水等が入り込むのを防ぐため，通気口に雨返しを設ける。

③ 配管部が屋外に出る部分には，コンクリートと配管から雨水等が浸入しないように**コーキング**を行う。

④ 屋外から屋内へ至る配管は，屋外に向かった**水勾配**とする。

4. 防爆対策

事業者は，引火性の物の蒸気，可燃性ガス又は可燃性の粉じんが存在して爆発又は火災が生ずるおそれのある場所については，当該蒸気，ガス又は粉じんによる爆発又は火災を防止するため，通風，換気，除じん等の措置を講じなければならない。事業者は，爆発又は火災が生ずるおそれのある場所のうち，上記の措置を講じても，なお，引火性の物の蒸気又は可燃性ガスが爆発の危険のある濃度に達するおそれのある箇所において電気機械器具を使用するときは，当該蒸気又はガスに対しその種類及び爆発の危険のある濃度に達するおそれに応じた防爆性能を有する防爆構造電気機械器具でなければ，使用してはならない。

5. 延焼防止対策

壁開口部，床開口部，小開口部，電線管の貫通部，OA フロアー貫通部，バスダクト貫通及びケーブルラックの貫通部などは，耐熱シール材，耐火仕切板，延焼防止材料及び耐火充填材などによりすき間の無いように施工しなければならない。

6. 防錆対策

① 鉄が素材である機器等は，**錆止塗装**を行い錆の発生を防止する。塗装の種類等は，施設場所により適切な種類を選定し，適切な施工方法とする。

② アルミニウム製品は，風雨等には耐候性があるが，酸やアルカリに対しては浸食され易いため，**酸やアルカリ**が発生する場所では使用しない。

③ ステンレス製品は，耐食性が大きく防錆のための**塗装が不要**であるが，ステンレスの種類により耐食性に相違があるので，選定には留意する。

4．品質管理その４（各種対策その２）

【重要問題６】

電気工事に関する次の語句において，**適正な品質を確保するための方法**を，それぞれについて**２つ**具体的に記述しなさい。ただし，内容は**重複しないこと**とする。

1．防音対策
2．耐火対策
3．送配電線の塩害対策
4．送電線の防振対策
5．電気鉄道の電食対策

解答

1．防音対策

① 変圧器や蛍光灯など騒音を発生する機器の選定において，**低騒音形**の機器を採用する。

② 騒音を発生する機器を騒音が問題となる部屋等からできるだけ**遠ざける**ようにする。

③ 騒音を発生する機器の**発生音を遮断**したり，**遮音**するような構造や施工を行う。

2．耐火対策

防災設備を有効に機能させるためには，耐熱性能を有した電路により所定の時間機能させるように，建築基準法や消防法で規定されている。

① 耐熱配線のグレードには，F_A，F_B，F_Cの３種類がある。

② **防災設備の電源回路の配線**

防災設備の電源回路の配線の電線は基本的に**600 V 二種ビニル絶縁電線**その他これと同等以上の耐熱性を有するものとし，耐火構造の主要構造部に埋設した配線，または下地を不燃材料で造り，かつ，仕上げを不燃材料でした天井の裏面に**鋼製電線管**を用いて行うものとする。

③　防災設備の操作回路の配線

操作回路の配線は基本的に600 V二種ビニル絶縁電線又はこれと同等以上の耐熱性を有する電線を使用し，金属管工事，金属可とう電線管工事，金属ダクト工事又はケーブル工事により施設する。

3. 送配電線の塩害対策

塩害対策の対象は，屋外変電所及び送配電線などが考えられるが，送配電線の塩害対策は，次のように行う。

①　がいし類にシリコーンコンパウンド塗布する。
②　がいしを増結して過絶縁にする。
③　長幹がいしや漏れ距離の長いスモッグがいしを採用する。
④　がいしの洗浄を励行する。
⑤　送配電線路は，塩分の付着しにくいルートを選定する。

4. 送電線の防振対策

防振対策の対象は，受変電所，発電機及び送配電線などが考えられるが，送配電線の防振対策は，次のように行う。

①　電線を鉄塔に設置する際に三角形状に電線を配置するために，2つのがいし連によって電線を支持する。
②　微風振動による防止法としてはアーマロッドの使用，ストックブリッジダンパ，トーションナルダンパ，ベートダンパなどのダンパ類の使用，フリーセンタ形懸垂クランプの使用がある。
③　スリートジャンプによる振動の防止法としては，氷雪の少ないルートの選定，径間長の短縮，オフセット，垂直距離を大きくとるなどの方法がある。

5. 電気鉄道の電食対策

電気鉄道の電食対策は，次のように行う。

①　レールの大地に対する絶縁度を高め，漏れ電流を小さくする。
②　補助帰線を施設し，レールと並列に使用する。
③　レールの電気抵抗をなるべく小さくする。
④　電源の極性を定期的に転換する。
⑤　き電区間の長さを短くする。

5．品質管理その５（施工方法等）

【重要問題７】

電気工事に関する次の語句において，**適正な品質を確保するための方法**を，それぞれについて**２つ**具体的に記述しなさい。ただし，内容は**重複しないこと**とする。

1．配管等の防火区画貫通処理
2．電線の施工（電線相互の接続，電線の接続）
3．ケーブル配線
4．電線管の施工
5．機器の取付け
6．盤への電線の接続
7．材料管理

解答

1．配管等の防火区画貫通処理

防火区画貫通処理の対象は，配管及びケーブルなどが考えられるが，配管の防火区画貫通処理は，次のように行う。

① 貫通する金属管と貫通部の隙間に，モルタルなどの**不燃材を充填**する。
② 貫通する金属管と貫通部の隙間に，**ロックウール**を充填し，厚さ 1.6 mm 以上の端部を折り曲げた鉄板で貫通部を覆う。
③ 防火区画を貫通する部分の金属ダクトの内部に，ロックウールを規定値以上に充填し，厚さ 25 mm 以上の耐火仕切板で押さえる。
④ 鋼製電線管を用いて防火区画を貫通する場合には，鋼製電線管を**壁面から１m 以上**突き出して，配管口元に耐熱シール材等を充填する。

2．電線の施工（電線相互の接続，電線の接続）

電線の施工が適正な品質を確保していることの確認方法は次のようになる。

① 電線の施工方法が，JIS，建築基準法，消防法及び電気設備技術基準等に照らし合わせて規定や基準を遵守しているかを確認する。

② 施工品質を確認するための指標として施工計画書を作成し，施工時における確認ポイント，施工精度，測定方法などを記録に残す。
③ 電線の許容電流が負荷に対して余裕があるかをシュミレーションし過度な電圧降下が生じないようにする。
④ 電線に過度な張力が加わるような施工となっていないか確認する。
⑤ 導通試験，検相試験及び絶縁体力試験等を行い，規定通りになっているかを確認する。
⑥ 金属管などの電線管内部では接続を行わない。

3．ケーブル配線

① 設計図書に示されている施工方法を確認する。
② 施工が，電気設備技術基準，消防法，建築基準法，JIS 等の法律などで規定されている場合には規定に従ったものかどうかを確認する。
③ 電気工事施工管理，工事士免許等作業者の資格等を確認する。
④ 施工後において，不良個所や故障が発生した場合の管理・保守上の問題点がないかを確認する。
⑤ 施工場所において，耐候性，耐熱性などに問題がないかを確認する。
⑥ 施工後のケーブルの異常がないかを確認する。
⑦ 他の工事との取り合い上の問題がないかを確認する。
⑧ 機能試験，接地抵抗試験，絶縁抵抗試験，絶縁耐力試験及び継電器試験などの検査を行う。
⑨ 必要であれば経済産業省，消防及び電力会社等の検査を行う。

4．電線管の施工

① 設計図書に示されている施工方法を確認する。
② 施工が，電気設備技術基準，消防法，建築基準法，JIS 等の法律などで規定されている場合には規定に従ったものかどうかを確認する。
③ 電気工事施工管理，工事士免許等作業者の資格等を確認する。
④ 施工後において，不良個所や故障が発生した場合の管理・保守上の問題点がないかを確認する。
⑤ 施工場所において，耐候性，耐熱性などに問題がないかを確認する。
⑥ 施工後の管の異常がないかを確認する。
⑦ 他の工事との取り合い上の問題がないか確認する。

5. 機器の取付け

① 取付け場所の検討および取付けに必要な詳細図の作成。

② 機器の搬入搬出，機器の扉の開閉，不良個所や故障などが発生した場合の管理・保守上の問題点がないかを確認する。

③ 機器の取り付けに資格が必要な場合の特殊電気工事資格者等の資格の確認。

④ 取付け場所の検討。

⑤ 取付け場所の補強が必要な場合の工事方法を検討する。

⑥ 取り付け後の機器の運転による悪影響の検討。

⑦ 機器が取り付けられる場所において，耐候性，耐熱性などに問題がないかを確認する。

⑧ 機能試験，接地抵抗試験，絶縁抵抗試験，絶縁体力試験及び継電器試験などの検査を行う。

⑨ 必要であれば経済産業省，消防及び電力会社等の検査を行う。

6. 盤への電線の接続

① 盤内の機器や端子へ電線を接続する場合に，機器や端子に**張力**が加わらないように電線の長さに余裕を持たせる。

② **接触不良**を起こさないように適正な**トルク**で電線を固定する。

③ 複数の電線を接続することができない盤内の機器や端子に電線を接続する場合には新たに**端子台**を設置する。

④ ボルトで接続した場合には，接続後の弛みが確認出来るように，ボルト部分に**マーキング**を施す。

7. 材料管理

① メーカーカタログにおいて，製造者，製造年月日及び工場試験データ等を確認する。

② 材料が，電気用品安全法，電気設備技術基準，消防法，建築基準法，JIS 等の法律などで規定されている場合には規定に従ったものかどうかを確認する。

③ 材料の使用後において，不良個所や故障が発生した場合の管理・保守上の問題点がないかを確認する

④ 材料が取り付けられる場所において，耐候性，耐熱性などに問題がないかを確認する。

⑤ 現場に搬入された材料に損傷や異常がないかを確認し，材料が使用されるまで材料に問題が発生しないような保管場所の確保。

6．安全管理その１（労働災害の防止）

【重要問題８】

電気工事に関する次の作業において，**労働災害を防止するための対策**を，それぞれについて**２つ**具体的に記述しなさい。ただし，対策の内容は**重複しないこと**。また，保護帽の着用のみ及び安全帯（要求性能墜落制止用器具）の着用のみの記述については配点されない。

1．墜落災害の防止対策
2．飛来・落下災害の防止対策
3．中高年齢者についての安全対策

解答

1．墜落災害の防止対策

① **作業床の設置等**

事業者は，高さが２ｍ以上の箇所で作業を行なう場合において墜落により労働者に危険を及ぼすおそれのあるときは，足場を組み立てる等の方法により作業床を設けなければならない。

② **囲い等**

事業者は，高さが２ｍ以上の作業床の端，開口部等で墜落により労働者に危険を及ぼすおそれのある箇所には，囲い，手すり，覆い等を設けなければならない。

③ **要求性能墜落制止用器具（旧.安全帯）等の取付設備等**

事業者は，高さが２ｍ以上の箇所で作業を行なう場合において，労働者に要求性能墜落制止用器具（旧.安全帯）等を使用させるときは，要求性能墜落制止用器具（旧.安全帯）等を安全に取り付けるための設備等を設けなければならない。

④ **悪天候時の作業禁止**

事業者は，高さが２ｍ以上の箇所で作業を行なう場合において，強風，大雨，大雪等の悪天候のため，当該作業の実施について危険が予想されるときは，当該作業に労働者を従事させてはならない。

⑤　**照度の保持**

事業者は，高さが２ｍ以上の箇所で作業を行うときは，当該作業を安全に行なうため必要な照度を保持しなければならない。

⑥　**スレート等の屋根上の危険の防止**

事業者は，スレート，木毛板等の材料でふかれた屋根の上で作業を行なう場合において，踏み抜きにより労働者に危険を及ぼすおそれのあるときは，幅が30 cm以上の**歩み板**を設け，防網を張る等踏み抜きによる労働者の危険を防止するための措置を講じなければならない。

2. 飛来・落下災害の防止対策

①　**高所からの物体投下による危険の防止**

事業者は，３ｍ以上の高所から物体を投下するときは，適当な投下設備を設け，監視人を置く等労働者の危険を防止するための措置を講じなければならない。労働者は，この規定による措置が講じられていないときは，3メートル以上の高所から物体を投下してはならない。

②　**物体の落下による危険の防止**

事業者は，作業のため物体が落下することにより，労働者に危険を及ぼすおそれのあるときは，**防網の設備**を設け，**立入区域**を設定する等当該危険を防止するための措置を講じなければならない。

③　**物体の飛来による危険の防止**

事業者は，作業のため物体が飛来することにより労働者に危険を及ぼすおそれのあるときは，**飛来防止の設備**を設け，労働者に保護具を使用させる等当該危険を防止するための措置を講じなければならない。

④　**保護帽の着用**

事業者は，船台の附近，高層建築場等の場所で，その上方において他の労働者が作業を行なっているところにおいて作業を行なうときは，**物体の飛来又は落下**による労働者の危険を防止するため，当該作業に従事する労働者に保護帽を着用させなければならない。この作業に従事する労働者は，この保護帽を着用しなければならない。

3. 中高年齢者についての安全対策

中高年齢者は，一般に運動能力，**視力**，**聴力**等の**身体的機能が低下**している場合が多い。そのため中高年齢者の安全対策は一般の作業者に比べて，より**細やかな安全対策**が必要となる。

① 運動の能力などの低下により，作業中における墜落・転落の危険性が増す。労働安全衛生法に定められた措置はもちろんのことであるが，昇降設備等に関しては，可能な限り中高年齢者に配慮した構造とすることで墜落・転落事故を防止する。

② 諸能力の低下により，作業場所や通路の照度を高くする，工具等できるだけ重量物の扱いを避ける，無理な姿勢での作業を長時間させない等の配慮を行う。

第2章 施工管理に関する用語

安全が一番です！

7. 安全管理その２（労働災害の防止）

【重要問題９】

電気工事に関する次の作業において，**労働災害を防止するための対策**を，それぞれについて**２つ**具体的に記述しなさい。ただし，対策の内容は**重複しないこと**。また，保護帽の着用のみ及び安全帯（要求性能墜落制止用器具）の着用のみの記述については配点されない。

1. 機械・器具による災害
2. 感電災害の防止対策
3. 電気絶縁用保護具

解答

1. 機械・器具による災害

使用する機械等に安全装置が施されているかを確認し，作業開始前の点検や定期点検を自主的に行い，機械の使用に際し危険でないかを十分確認してから使用する。労働安全衛生法施行規則に定められている機械の使用に際して注意することを以下に記する。

① 原動機，回転軸等には覆い，囲い等を設ける。
② ベルトの切断による危険の防止に囲い等を設ける。
③ 動力しゃ断装置の設置。
④ 運転開始の合図の徹底。
⑤ 加工物等の飛来による危険を防止するための囲い等の設置。
⑥ 切削屑の飛来等による危険を防止するための囲い等の設置。
⑦ 機械及び刃部のそうじ等の場合は運転停止を基本とする。
⑧ 巻取りロール等の危険の防止に囲いを設ける。
⑨ 保護帽等の着用の原則。

2. 感電災害の防止対策

① **電気機械器具の囲い等**

事業者は，電気機械器具の充電部分で，労働者が作業中又は通行の際に，接触し，又は接近することにより感電の危険を生ずるおそれのあるものについては，感電を防止するための囲い又は絶縁覆いを設けなければならない。ただし，配電盤室，変電室等区画された場所で，電気取扱者以外の者の立入りを禁止したところに設置し，又は電柱上，塔上等隔離された場所で，電気取扱者以外の者が接近するおそれのないところに設置する電気機械器具については，この限りでない。

② **漏電による感電の防止**

事業者は，電動機を有する機械又は器具で，対地電圧が150 V をこえる移動式若しくは可搬式のもの又は水等導電性の高い液体によって湿潤している場所その他鉄板上，鉄骨上，定盤上等導電性の高い場所において使用する移動式若しくは可搬式のものについては，漏電による感電の危険を防止するため，当該電動機械器具が接続される電路に，当該電路の定格に適合し，感度が良好であり，かつ，確実に作動する感電防止用漏電しゃ断装置を接続しなければならない。また，事業者は，非接地方式の電路に接続して使用する電動機械器具，絶縁台の上で使用する電動機械器具及び電気用品安全法の表示が付された二重絶縁構造の電動機械器具以外の機器で，前項に規定する措置を講ずることが困難なときは，電動機械器具の金属製外わく，電動機の金属製外被等の金属部分を接地して使用しなければならない。

③ **配線等の絶縁被覆**

事業者は，労働者が作業中又は通行の際に接触し，又は接触するおそれのある配線で，絶縁被覆を有するもの又は移動電線については，絶縁被覆が損傷し，又は老化していることにより，感電の危険が生ずることを防止する措置を講じなければならない。

3．電気絶縁用保護具

電気絶縁用保護具は，充電電路での作業やその他の電気工事の作業を行うときの**電気用安全帽**及び**電気用ゴム手袋**等の感電防止用の保護具をいう。絶縁用保護具は，それぞれの使用の目的に適応する種別，材質及び寸法のものを使用しなければならない。絶縁用保護具が**直流で 750 V** 以下又は**交流で 300 V 以下**の充電電路に対して用いられるものにあっては，当該充電電路の電圧に応じた絶縁効力を有するものを使用しなければならない。電気絶縁用保護具は，**6 月以内ごとに一回**，定期に，その絶縁性能について**自主検査**を行わなければならない。

8．安全管理その３（労働災害の防止）

【重要問題 10】

電気工事に関する次の作業において，**労働災害を防止するための対策**を，それぞれについて**２つ**具体的に記述しなさい。ただし，対策の内容は**重複しないこと**。また，保護帽の着用のみ及び安全帯（要求性能墜落制止用器具）の着用のみの記述については配点されない。

1．高圧活線近接作業　　2．高圧活線作業
3．停電作業　　4．交流アーク溶接の作業

解答

1．高圧活線近接作業

事業者は，電路又はその支持物の敷設，点検，修理，塗装等の電気工事の作業を行なう場合において，当該作業に従事する労働者が高圧の充電電路に接触し，又は当該充電電路に対して頭上距離が 30 cm 以内又は躯側距離若しくは足下距離が 60 cm 以内に接近することにより感電の危険が生ずるおそれのあるときは，当該充電電路に絶縁用防具を装着しなければならない。

2．高圧活線作業

事業者は，高圧の充電電路の点検，修理等当該充電電路を取り扱う作業を行なう場合において，当該作業に従事する労働者について感電の危険が生ずるおそれのあるときは，次のいずれかに該当する措置を講じなければならない。

① 労働者に絶縁用保護具を着用させ，かつ，当該充電電路のうち労働者が現に取り扱っている部分以外の部分が，接触し，又は接近することにより感電の危険が生ずるおそれのあるものに絶縁用防具を装着すること。
② 労働者に活線作業用器具を使用させること。
③ 労働者に活線作業用装置を使用させること。この場合には，労働者が現に取り扱っている充電電路と電位を異にする物に，労働者の身体又は労働者が現に取り扱っている金属製の工具，材料等の導電体が接触し，又は接近することによる感電の危険を生じさせてはならない。

④　労働者は，活線作業において，絶縁用保護具の着用，絶縁用防具の装着又は活線作業用器具若しくは活線作業用装置の使用を事業者から命じられたときは，これを着用し，装着し，又は使用しなければならない。

3．停電作業

①　停電作業についての手順，作業内容，作業の開始時間及び作業時間等を確認するための事前のミーティングと作業開始前のミーティングを確実に行う。

②　作業に使用する工具，保護具，検査機器などの確認を行う。

③　高圧電路の開閉にあたっては，絶縁用保護具を着用する。

④　開路に用いた開閉器に，作業中，施錠し，若しくは通電禁止に関する所要事項を表示し，又は監視人を置く。

⑤　開路した電路が電力ケーブル，電力コンデンサ等を有する電路で，残留電荷による危険を生ずるおそれのあるものについては，安全な方法により残留電荷を確実に放電させる。

⑥　開路した電路が高圧又は特別高圧であるものについては，検電器具により停電を確認し，かつ，誤通電，他の電路との混触又は他の電路からの誘導による感電の危険を防止するため，短絡接地器具を用いて確実に短絡接地する。

⑦　開路に用いた開閉器は，施錠し通電禁止の表示をする。

⑧　停電作業が終了した場合において，開路した電路に通電しようとするときは，あらかじめ作業者に通達し感電の危険が生ずるおそれのないこと及び短絡接地器具を取りはずしたことを確認した後でなければ，行なってはならない。

4．交流アーク溶接の作業

①　事業者は，アーク溶接等の作業に使用する溶接棒等のホルダーについては，感電の危険を防止するため必要な絶縁効力及び耐熱性を有するものでなければ，使用してはならない。

②　事業者は，船舶の二重底若しくはピークタンクの内部，ボイラーの胴若しくはドームの内部等導電体に囲まれた場所で著しく狭あいなところ又は墜落により労働者に危険を及ぼすおそれのある高さが二メートル以上の場所で鉄骨等導電性の高い接地物に労働者が接触するおそれがあるところにおいて，交流アーク溶接等の作業を行うときは，交流アーク溶接機用自動電撃防止装置を使用しなければならない。

9．安全管理その４（労働災害の防止）

【重要問題 11】

電気工事に関する次の作業において，**労働災害を防止するための対策**を，それぞれについて**２つ**具体的に記述しなさい。ただし，対策の内容は**重複しないこと**。また，保護帽の着用のみ及び安全帯（要求性能墜落制止用器具）の着用のみの記述については配点されない。

1．酸素欠乏症の防止対策（マンホール内の作業，地下ピット内の作業）
2．高所作業
3．高所作業車での作業
4．重機作業（重機での揚重作業）

解答

1．酸素欠乏症の防止対策（マンホール内の作業，地下ピット内の作業）

① 酸素欠乏危険作業に作業者を就かせるときは，特別の教育を行う。

② 酸素欠乏危険場所の酸素の濃度を測定し，18% 以上であることを確認する。

③ 作業中において，酸素の濃度を常に 18% 以上に保つように換気装置等によって換気をする。

④ 換気をすることが困難な酸素欠乏危険場所で作業する場合には，作業者の人数と同数以上の空気呼吸器を準備し，労働者に使用させる。

⑤ 入場および退場時の人員を点検し，取り残しがないことを確認する。

⑥ 作業者以外の立ち入ることを禁止する表示を行い，立ち入りできないようにする。

2．高所作業

① 高さが２m 以上の箇所で作業を行う場合には，足場を組み立てる等の方法により作業床を設けなければならない。

② 高さが２m 以上の作業床の端，開口部等では，囲い，手すり，覆い等を設けなければならない。

③　高さが２ｍ以上の箇所で作業を行う場合においては，要求性能墜落制止用器具（旧．安全帯）等を安全に取り付けるための設備等を設けなければならない。

④　高さが２ｍ以上の箇所で作業を行う場合において，強風，大雨，大雪等の悪天候の時は作業に労働者を従事させてはならない。

⑤　高さが２ｍ以上の箇所で作業を行うときは，作業を安全に行うため必要な照度を保持しなければならない。

⑥　作業主任者または作業指揮者を選任し，作業を直接指揮させる。

⑦　高さまたは深さが１.５ｍを超える箇所で作業を行うときは，安全に昇降するための専用の設備を設ける。

3．高所作業車での作業

①　**作業指揮者**

事業者は，高所作業車を用いて作業を行うときは，当該作業の指揮者を定め，その指揮者に作業計画に基づき作業の指揮を行わせなければならない。

②　**定期自主検査**

事業者は，高所作業車については，1年以内ごとに一回，定期に，安全装置等について自主検査を行わなければならない。

③　**資　格**

作業床の高さが10ｍ未満の高所作業車の運転の業務は，特別教育修了者が，作業床の高さが10ｍ以上の高所作業車の運転の業務は，技能講習修了者が行わなければならい。

4．重機作業（重機での揚重作業）

①　重機を使用する場所の調査を十分に行い，**搬入や作業に支障**がないかを確認する。

②　重機を使用するには法令で定める**資格**が必要になる場合があるので，オペレータの資格の有無を事前に確認する。

③　重機使用前後には十分な**点検**を行う。

④　重機の作業中電線や建物等に**損害**を与えないように十分注意して作業を行う。

⑤　作業関係者以外のものが作業区域に立ち入らないように，バリケードや表示を行い，必要であれば監視員を配置する。

⑥　作業予定場所以外の作業は行わせない。

10．安全管理その５（労働災害の防止）

【重要問題 12】

電気工事に関する次の作業において，**労働災害を防止するための対策**を，それぞれについて**２つ**具体的に記述しなさい。ただし，対策の内容は**重複しないこと**。また，保護帽の着用のみ及び安全帯（要求性能墜落制止用器具）の着用のみの記述については配点されない。

1．夏場の作業
2．掘削作業（地山の掘削作業）
3．わく組足場上の作業
4．マンホール内の作業
5．脚立作業の危険防止対策

解答

1．夏場の作業

① **熱中症**の危険性を作業員に周知し，適切な休養，**水分及び塩分**の補給を促す。また，水や塩分の備え付けも考慮する。

② 他の季節よりも体調を崩しやすくなるので作業員の**健康**に適した指示を行う。

③ できるだけ**直射日光**を避けるように配慮し，簡易で設置した屋根等の内部の温度や湿度の管理も怠らないように注意する。

④ 休憩時間や作業終了時に冷房が十分に整えられた**休息室**を用意する。

⑤ 作業中の**温度や湿度の管理**を徹底し，作業を行うのに危険な温度になった場合には一時作業を中止するなどの処置も必要である。

2．掘削作業（地山の掘削作業）

事業者は，手掘りにより砂からなる地山又は発破等により崩壊しやすい状態になっている地山の掘削の作業を行なうときは，次に定めるところによらなければならない。

① 砂からなる地山にあっては，掘削面のこう配を 35 度以下とし，又は掘

削面の高さを5m未満とすること。

② 発破等により崩壊しやすい状態になっている地山にあっては，掘削面のこう配を45度以下とし，又は掘削面の高さを2m未満とすること。

3. わく組足場上の作業

わく組足場上の作業における労働災害の防止に関する具体的な内容は次のようになる。

① わく組足場の作業床の幅は40cm以上で，作業床のすき間が3cm以下となっていることを確認する。

② 手すり等を設ける。ただし，労働者に要求性能墜落制止用器具（旧.安全帯）を使用させる場合には省略できる。

③ 安全に昇降できる設備を設ける。

④ 建築躯体と足場とのすき間は概ね30cm以内とし，それ以上のすき間がある場合は，墜落防止ネット等で防護する。

⑤ 3m以上の高所から物を投げ下す場合は，投下設備を設けていないときは行ってはならない。

⑥ 作業床の最大荷重は400kg以下とする。

⑦ 飛来落下防止設備を設ける。

4. マンホール内の作業

マンホール内の作業における労働災害の防止に関する具体的な内容は次のようになる。

① マンホール内の作業は酸素欠乏危険場所に相当し，都道府県労働局長の免許を受けた者又は都道府県労働局長の登録を受けた者が行う技能講習を受けた，第1種又は第2種の酸素欠乏危険作業主任者を選任し労働者の指揮を行わせる。

② 作業員には酸素欠乏危険作業の特別な教育（酸素欠乏の発生原因，酸素欠乏症の病状等）を受けさせる。

③ マンホール内の酸素濃度が18%以上あることを測定器により確認する。

④ 酸素濃度が18%以下である場合には，換気装置により酸素濃度が18%以上になるように換気する。ただし，爆発等を防止するために換気が困難な場合には，空気呼吸器等を作業者に使用させなければならない。

⑤ 空気呼吸器等は同時に作業する人数分以上の数を備え，作業前に点検し

作業員に使用させなければならない。

⑥　酸素欠乏症により作業員が高所から転落する危険がある場合には，要求性能墜落制止用器具（旧.安全帯）等を作業員に装着させなければならない。

⑦　作業前の人数と作業後の人数を必ず点検しなければならない。

⑧　関係者以外の立ち入り禁止の処置をする。また，作業状況を確認させるための監視人等を配置する。

⑨　酸素欠乏の恐れが生じた場合には直ちに作業員を退避させる。

⑩　退避用の避難用具等(空気呼吸器等，はしご，ロープ等)を備えておく。

5．脚立作業の危険防止対策

事業者は，脚立については，次に定めるところに適合したものでなければ使用してはならない。

①　丈夫な構造とすること。

②　材料は，著しい損傷，腐食等がないものとすること。

③　脚と水平面との角度を75度以下とし，かつ，折りたたみ式のものにあっては，脚と水平面との角度を確実に保つための金具等を備えること。

④　踏み面は，作業を安全に行うため必要な面積を有すること。

点検の手順を間違えるとたいへん

第３章
電気に関する計算問題

1．電線と支線の張力
2．配電線路
3．電力用コンデンサ
4．短絡容量
5．変圧器の負荷分担

学習のポイント

新制度の第二次検定より新たに出題されている問題です。出題される問題は，第一次検定で出題される電気の計算問題のレベルとほぼ同じなので，第一次検定に過去出題された変電所，配電線路などの計算問題は確実に解けるようにしておきましょう。

1．電線と支線の張力

（解答はP. 57）

【重要問題 13】　　次の計算問題を答えなさい。

図に示す架空配電線路において，電線の水平張力の最大値として，正しいものはどれか。

ただし，電線は十分な引張強度を有するものとし，支線の許容引張強度は22 kN，その安全率を2とする。

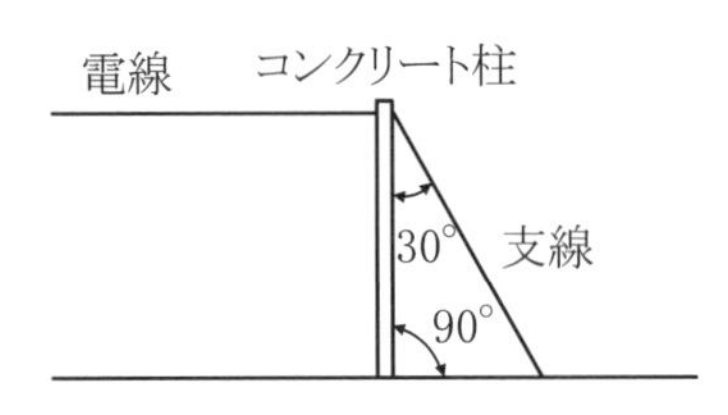

①　5 kN　②　5.5 kN　③　9.52 kN　④　11 kN　⑤　19.05 kN

解説

図のように支線の水平方向の電線とのつり合いの張力 T は，

$$T=\frac{22\ \text{kN}}{2\ (\text{安全率})}\sin 30°=\frac{22\ \text{kN}}{2}\times\frac{1}{2}=5.5\ [\text{kN}]$$

となる。これが電線の水平張力の最大値となる。

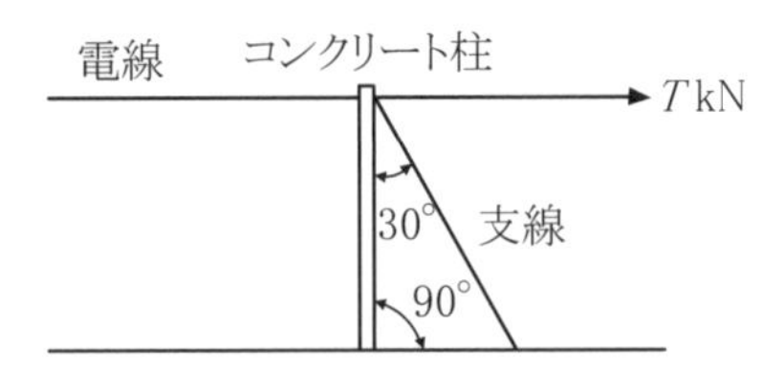

【関連問題 1】

図に示す電線3条の引留柱で，電線1条当たりに許される最大張力として，正しいものはどれか。

ただし，電線の取り付け高さ　：　10 m
支線の根開き　：　5 m
支線の引き抜き耐力（限界）：80 kN
支線の安全率　：　1.5
電線1条当たりの張力は同じとする。

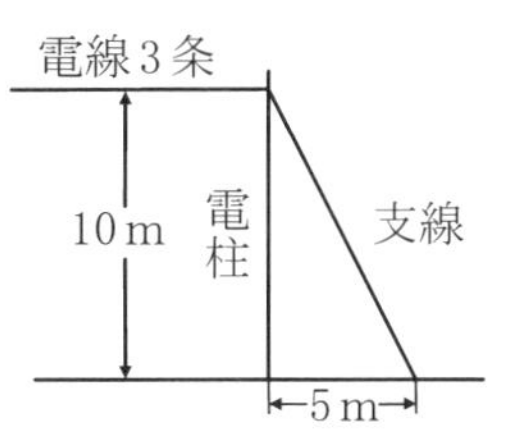

① 3 kN　② 8 kN　③ 17 kN　④ 23 kN　⑤ 25 kN

解説

図のように支線の水平方向の電線とのつり合いの張力 T は,

$$T=\frac{80\ \mathrm{kN}}{1.5\ (\text{安全率})}\sin\theta=\frac{80\ \mathrm{kN}}{1.5}\times\frac{5}{\sqrt{10^2+5^2}}$$

$$=\frac{80}{1.5}\times\frac{5}{\sqrt{125}}=\frac{80}{1.5}\times\frac{5}{5\sqrt{5}}=\frac{80}{1.5\sqrt{5}}\ [\mathrm{kN}]$$

となる。これが電線3条の張力に等しいので電線1条では,

$$\frac{T}{3}=\frac{80}{1.5\sqrt{5}}\times\frac{1}{3}=7.95\ [\mathrm{kN}]$$

となるので8〔kN〕が近いものになる。

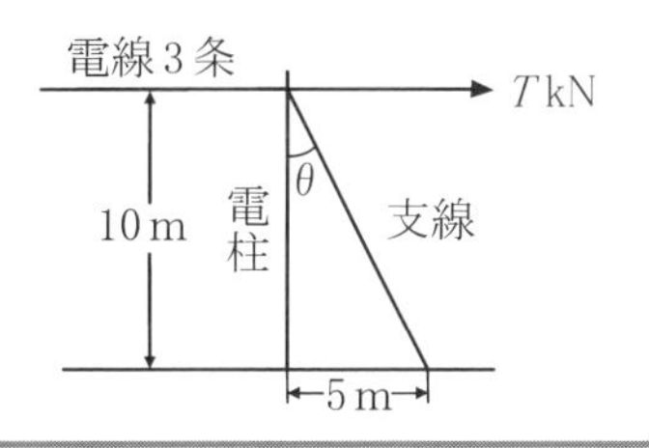

【関連問題2】

図のような角度のある架空電線路の引留柱における支線の許容引張強度として,正しいものはどれか。ただし,支線は1条とし安全率を2.5とする。

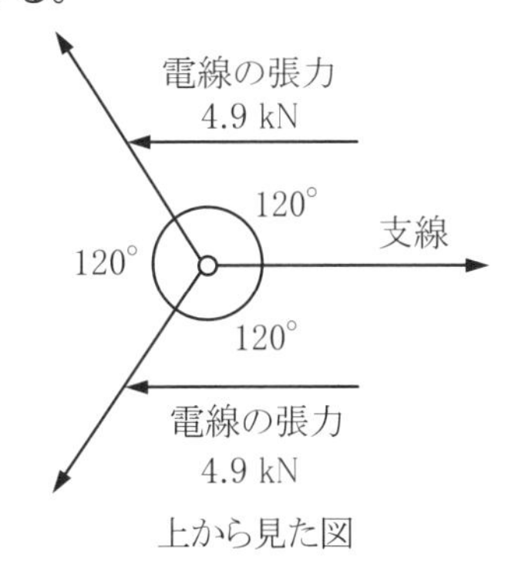

上から見た図

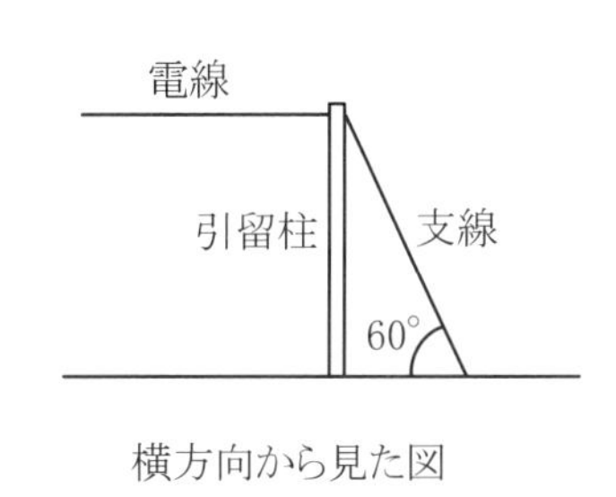

横方向から見た図

① 5.7 kN　② 9.8 kN　③ 14.1 kN　④ 24.5 kN　⑤42.4 kN

解　説

2本の電線の張力を合成すると力の方向は支線の張力と逆方向で，張力の大きさは，

$$2\times4.9\times\cos\frac{120^\circ}{2}=9.8\times\cos60^\circ=4.9\ 〔\mathrm{kN}〕$$

となる。図のように支線の実際の張力を t〔kN〕とすると，水平方向の分力は $t\cos60^\circ$〔kN〕で，これが 4.9〔kN〕とつり合うので，

$$t\cos60^\circ=4.9\ 〔\mathrm{kN}〕$$

$$\therefore\quad t=\frac{4.9}{\cos60^\circ}=\frac{4.9}{0.5}=9.8\ 〔\mathrm{kN}〕$$

となる。支線の安全率が 2.5 なので，支線の許容引張強度 T〔N〕は，

$$T=9.8\times2.5=24.5\ 〔\mathrm{kN}〕$$

となって 24.5〔kN〕である。

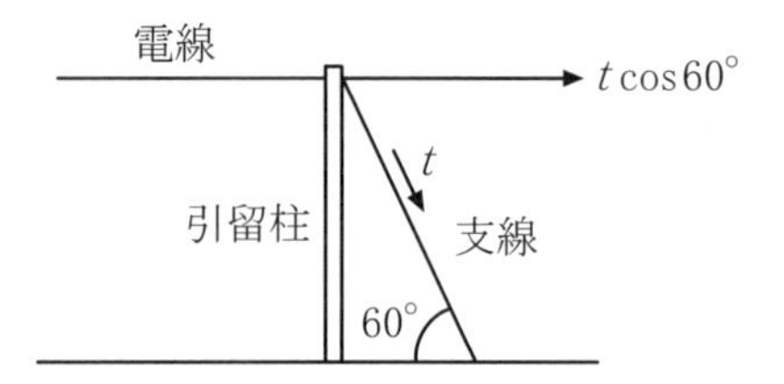

【関連問題３】

図に示す高低圧架空配電線路の，引留柱における支線に必要な許容引張強度 T〔N〕の値として，正しいものはどれか。ただし，支線は１条とし，安全率を 1.5 とする。

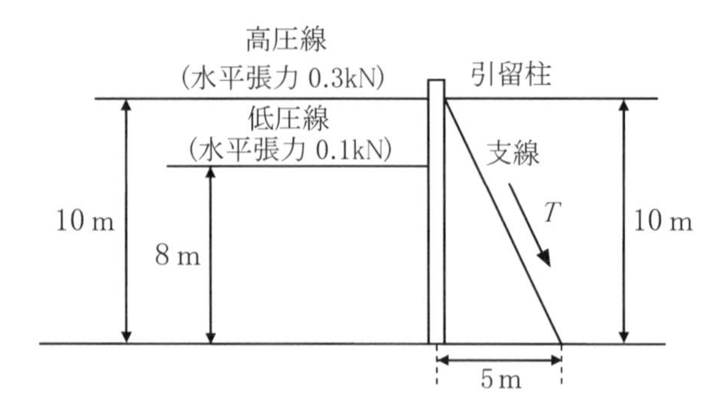

① $0.19\sqrt{5}$ kN　② $0.285\sqrt{5}$ kN　③ $0.38\sqrt{5}$ kN
④ $0.57\sqrt{5}$ kN　⑤ $0.855\sqrt{5}$ kN

解 説

図より，支線に加わる引張強度を t〔kN〕，高圧線の水平張力を X〔kN〕，低圧線の水平張力を Y〔kN〕，高圧線の取付高さを H〔m〕，低圧線の取付高さを h〔m〕，支線の根開きを d〔m〕，支線の取付高さを L〔m〕とすると，水平方向の力のつりあいは次のようになる。

$$XH+Yh=tL\sin\theta$$

$$\therefore\quad t=\frac{XH+Yh}{L\sin\theta}\ \text{〔kN〕}$$

ここで，

$$\sin\theta=\frac{d}{\sqrt{L^2+d^2}}$$

なので，

$$\therefore\quad t=\frac{XH+Yh}{L\sin\theta}=\frac{(XH+Yh)\sqrt{L^2+d^2}}{Ld}\ \text{〔kN〕}$$

となる。上式に代位の数値を代入すれば次のように計算できる。

$$t=\frac{(0.3\times10+0.1\times8)\sqrt{10^2+5^2}}{10\times5}=\frac{3.8\sqrt{125}}{50}=\frac{3.8\times5\sqrt{5}}{50}=0.38\sqrt{5}\ \text{〔kN〕}$$

支線の安全率が1.5なので必要な許容引張強度 T〔kN〕は，

$$T=1.5\,t=1.5\times0.38\sqrt{5}=0.57\sqrt{5}\ \text{〔kN〕}$$

となるので，$0.57\sqrt{5}$〔kN〕である。

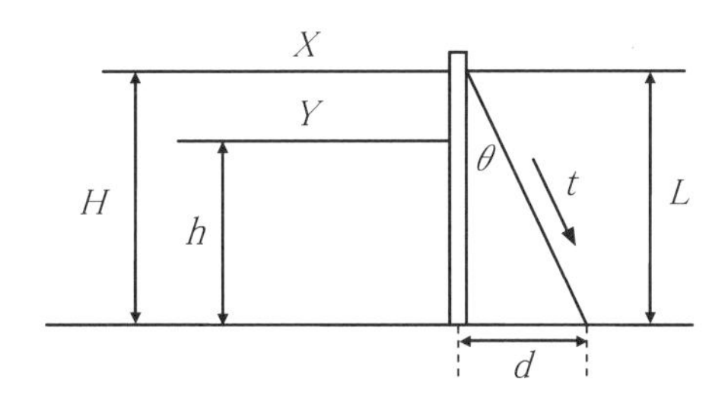

解答

【重要問題13】 ②　【関連問題1】 ②　【関連問題2】 ④
【関連問題3】 ④

2．配電線路

（解答は P. 71）

【重要問題 14】　次の計算問題を答えなさい。

図に示す配電線路において，C 点の線間電圧として，正しいものはどれか。ただし，電線 1 線あたりの抵抗は A－B 間で 0. 1Ω，B－C 間で 0. 2Ω，負荷は抵抗負荷とし，線路リアクタンスは無視する。

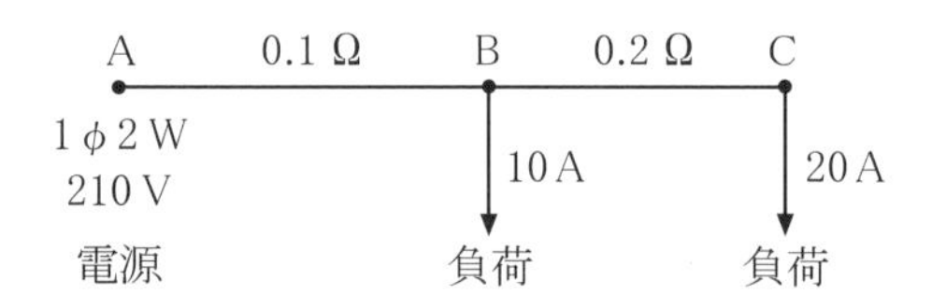

① 192 V　② 196 V　③ 200 V　④ 203 V　⑤ 205 V

B－C 間の電圧降下 v_{BC} は単相 2 線式線路であるから，

$v_{BC}=2\times20\times0.2=8$〔V〕

であり，A－B 間の電圧降下 v_{AB} は同様に，

$v_{AB}=2\times(10+20)\times0.1=6$〔V〕

となって，A－C 間の電圧降下 v_{AC} は，

$v_{AC}=v_{AB}+v_{BC}=6+8=14$〔V〕

となるので，C 点の線間電圧 V_C は，

$V_C=210-v_{AC}=210-14=196$〔V〕　である。

【関連問題 1】

図のような単相 2 線式配電線路で，各点間の抵抗が電線 1 線当たりそれぞれ 0. 1〔Ω〕，0. 2〔Ω〕，0. 2〔Ω〕である。A 点の電源電圧が 210〔V〕であるとき，D 点の電圧〔V〕として正しいものはどれか。ただし，負荷の力率はすべて 100〔%〕であるとする。

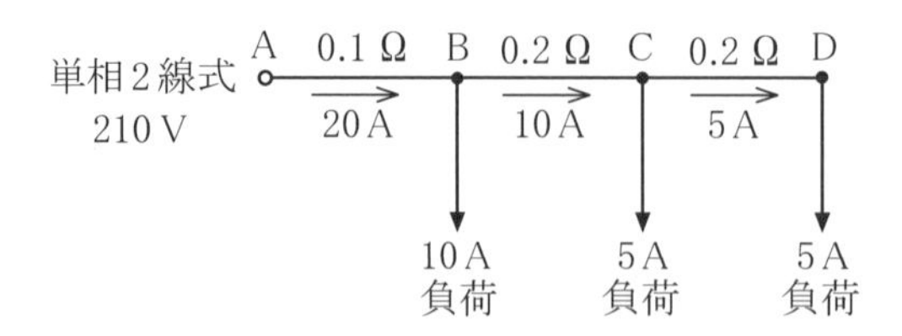

① 198 V　② 200 V　③ 202 V　④ 204 V　⑤ 206 V

解 説

AB 間の電流が 20〔A〕なので，AB 間の電圧降下 v_{AB}〔V〕は，

$$v_{AB}=(0.1+0.1)\times 20=4\text{〔V〕}$$

となる。BC 間の電流が 10〔A〕なので，BC 間の電圧降下 v_{BC}〔V〕は，

$$v_{BC}=(0.2+0.2)\times 10=4\text{〔V〕}$$

となる。同様に，CD 間の電流が 5〔A〕なので，CD 間の電圧降下 v_{CD}〔V〕は，

$$v_{CD}=(0.2+0.2)\times 5=2\text{〔V〕}$$

となる。以上により，AD 間の電圧降下 v_{AD}〔V〕は，

$$v_{AD}=v_{AB}+v_{BC}+v_{CD}=4+4+2=10\text{〔V〕}$$

となるので，A 点の電源電圧が 210〔V〕であるとき，D 点の電圧 V_D〔V〕は，

$$V_D=210-v_{AD}=210-10=200\text{〔V〕}$$

となる。

【関連問題 2】

図に示す単相 3 線式配電線路において，中性線の N 点で断線事故が発生したとき，負荷両端の電圧 V_1，V_2 の値の組合せとして，正しいものはどれか。ただし，負荷の力率は 100〔%〕とし，線路のインピーダンスは無視するものとする。

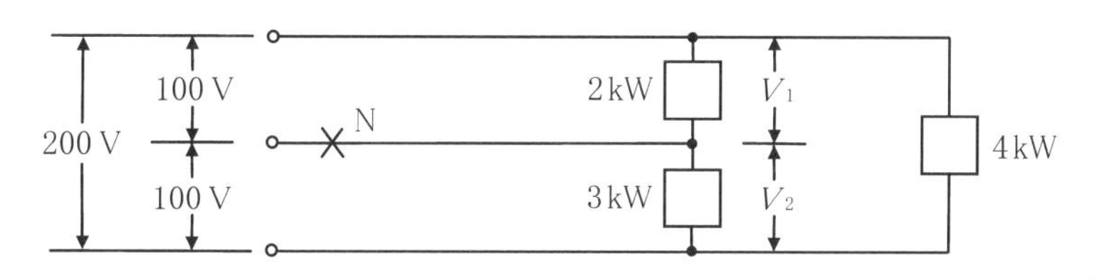

	V_1	V_2
①	80 V	120 V
②	90 V	110 V
③	100 V	100 V
④	111 V	89 V
⑤	120 V	80 V

解 説

2〔kW〕の負荷の抵抗 R_2 は，

$$\frac{100^2}{R_2}=2000\text{〔W〕}$$

$$\therefore \quad R_2=\frac{100^2}{2000}=\frac{10000}{2000}=5\ 〔\Omega〕$$

であり，3〔kW〕の負荷の抵抗 R_3 は，

$$\frac{100^2}{R_3}=3000\ 〔\mathrm{W}〕$$

$$\therefore \quad R_3=\frac{100^2}{3000}=\frac{10000}{3000}=\frac{10}{3}\ 〔\Omega〕$$

である。断線後は図のように R_2 と R_3 の直列接続になり，線路のインピーダンスは無視するので 4〔kW〕の負荷は無視してよい。

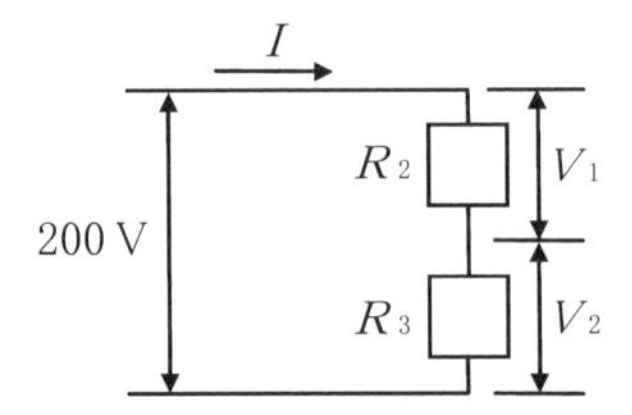

回路を流れる電流は，

$$I=\frac{200}{R_2+R_3}=\frac{200}{5+\frac{10}{3}}=\frac{200\times3}{15+10}=\frac{600}{25}=24\ 〔\mathrm{A}〕$$

となるので，

$$V_1=IR_2=24\times5=120\ 〔\mathrm{V}〕$$

$$V_2=IR_3=24\times\frac{10}{3}=80\ 〔\mathrm{V}〕$$

である。

【関連問題 3】

図に示す単相 3 線式配電線路の負荷両端の電圧 V_{ab}，V_{bc} の値として，正しい組合わせは次のうちどれか。ただし，線路のインピーダンスは抵抗分のみとし，負荷の力率は 100% とする。

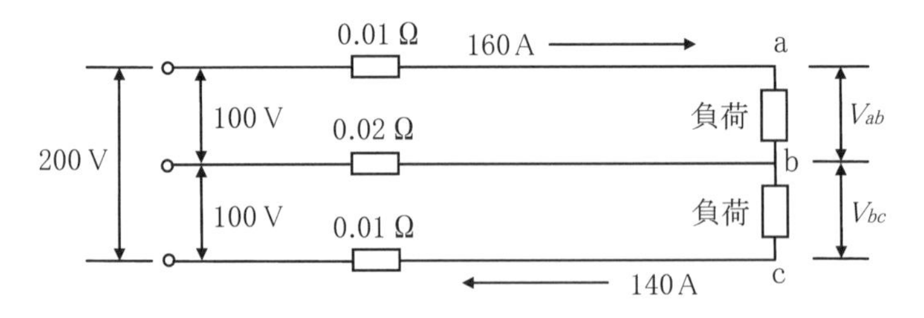

	V_{ab}	V_{bc}
①	98.0 V	99.0 V
②	98.8 V	98.2 V
③	98.0 V	98.2 V
④	98.8 V	99.0 V
⑤	98.0 V	98.2 V

解 説

中性線には線電流の大きさが $I_a > I_b$ なので図の大きさと方向の電流が流れる。a 線と中性線 n 間の電圧降下 $\varDelta V_a$〔V〕及び b 線の電圧降下 $\varDelta V_b$〔V〕は次のようになる。

$$\varDelta V_a = 160 \times 0.01 + 20 \times 0.02 = 2.0 \text{〔V〕}$$

$$\varDelta V_b = 140 \times 0.01 - 20 \times 0.02 = 1.0 \text{〔V〕}$$

となる。これより,

$$V_{ab} = 100 - \varDelta V_a = 100 - 2.0 = 98.0 \text{〔V〕}$$

$$V_{bc} = 100 - \varDelta V_b = 100 - 1.0 = 99.0 \text{〔V〕}$$

となる。

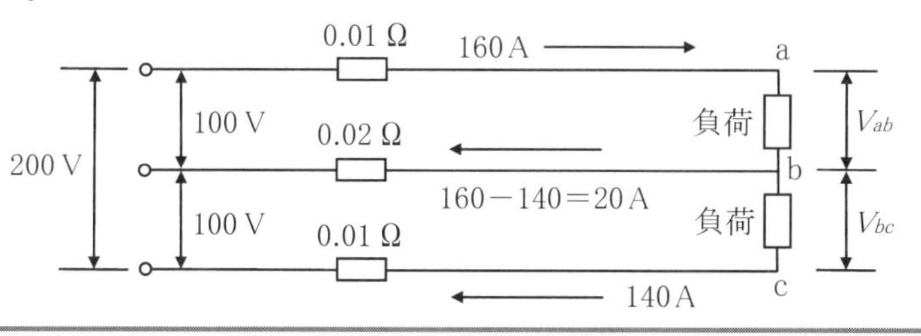

【関連問題 4】

容量及び力率の等しい二つの単相 100 V 負荷を，図 1 のように単相 3 線式 100/200 V に接続した場合と，図 2 のようにその二つの負荷を単相 2 線式 100 V に並列に接続した場合とでは，単相 3 線式の線路抵抗による損失は，単相 2 線式の何倍となるか。正しいものはどれか。ただし，電源から負荷点までの各線の線路抵抗は同じとする。

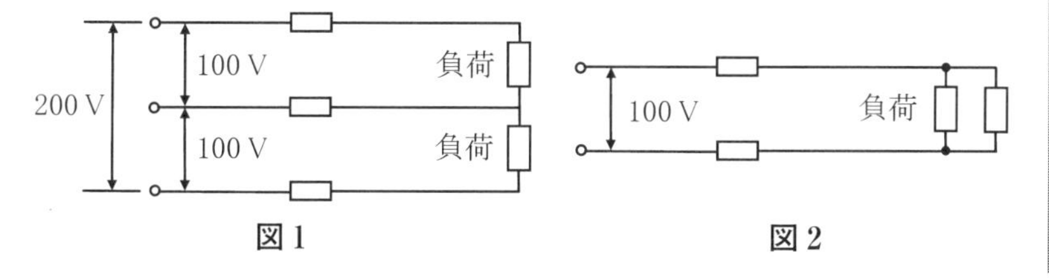

図 1　　　図 2

解説

同じ容量の負荷なので単相3線式100/200 Vの中性線には電流が流れない。負荷1個の電流をIとすれば図3，4のように電流は流れる。

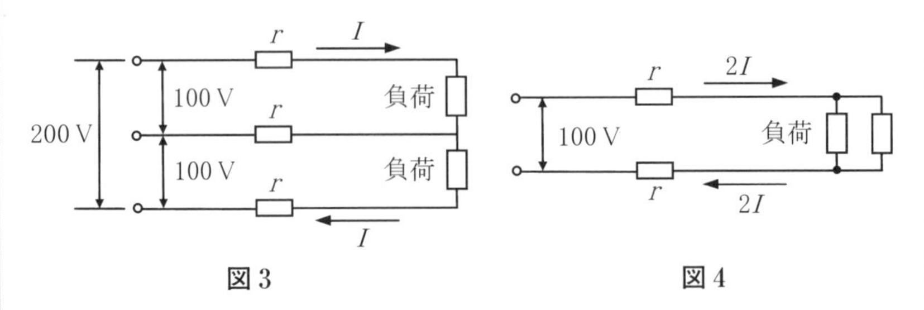

図3　　　図4

図3より単相3線式100/200 Vの線路抵抗による損失p_{13}は，

$$p_{13}=I^2r+I^2r=2I^2r$$

であり，図4より単相2線式100 Vの線路抵抗による損失p_{12}は，

$$p_{12}=(2I)^2r+(2I)^2r=4I^2r+4I^2r=8I^2r$$

となるので，

$$\frac{p_{13}}{p_{12}}=\frac{2I^2r}{8I^2r}=\frac{1}{4}$$

である。

【関連問題５】

図のような配電線路において，負荷の端子電圧200〔V〕，電流10〔A〕，力率80〔%〕（遅れ）である。1線当りの線路抵抗が0.4〔Ω〕，線路リアクタンスが0.3〔Ω〕であるとき，電源電圧V_sの値として正しいものはどれか。

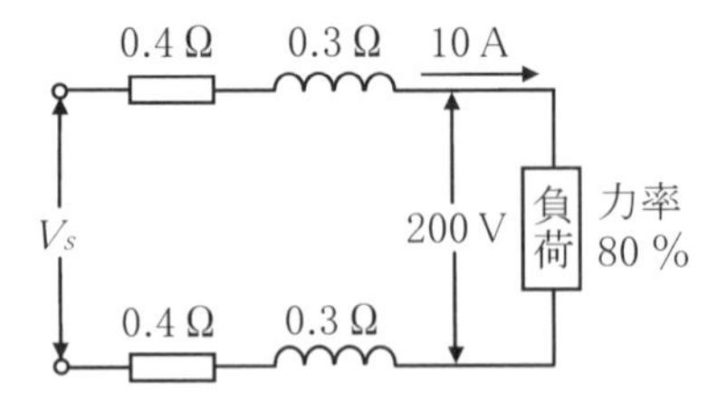

① 206 V　② 208 V　③ 210 V　④ 212 V　⑤ 214 V

解説

遅れ力率のときの単相2線式の線路の電圧降下は，

$2I\ (r\cos\theta+x\sin\theta)$

で表すことができる。電流 10〔A〕，力率 80〔%〕(遅れ) である。1 線当りの線路抵抗が 0.4〔Ω〕，線路リアクタンスが 0.3〔Ω〕とすると次のように計算できる。

$$2I(r\cos\theta+x\sin\theta)=2\times10\ (0.4\times0.8+0.3\times\sqrt{1-0.8^2})$$
$$=2\times10(0.32+0.18)=10\ 〔V〕$$

負荷の端子電圧が 200〔V〕なので，電源電圧 V_S の値は，

$$V_S=200+10=210\ 〔V〕$$

である。

【関連問題 6】

図のような単相 3 線式配電線路において，スイッチ A を閉じスイッチ B を開いた状態から，次にスイッチ B を閉じた場合，a−b 間の電圧 V_{ab} の変化の仕方として，正しいものはどれか。ただし電源電圧は 105〔V〕一定で，電線 1 相当たりの抵抗は 0.1〔Ω〕，負荷抵抗は 3.3〔Ω〕とする。

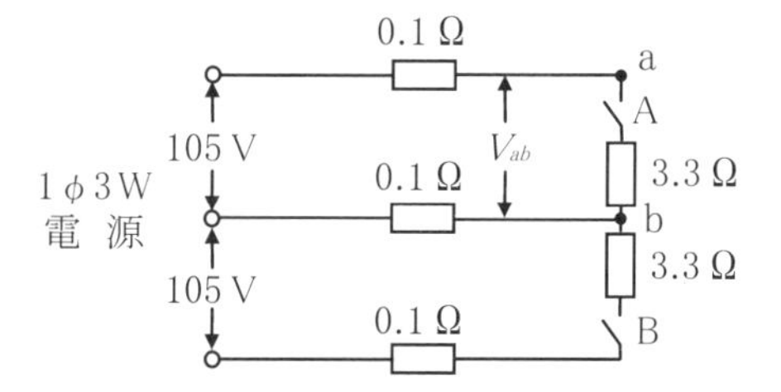

① 変化しない。　② 約 3〔V〕下がる。
③ 約 3〔V〕上がる。　④ 約 5〔V〕下がる。
⑤ 約 5〔V〕上がる。

解説

単相 3 線式配電線路において，スイッチ A を閉じスイッチ B を開いた状態のときの回路は図 1 のようになる。を流れる電流 I〔A〕は，

$$I=\frac{105}{0.1+3.3+0.1}=\frac{105}{3.5}=30\ 〔A〕$$

となるので，負荷の端子電圧 V〔V〕は，

$$V=3.3I=3.3\times30=99\ 〔V〕$$

となる。

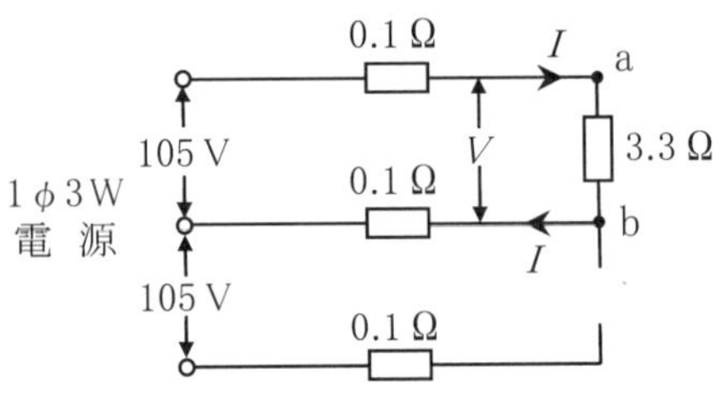

図1　スイッチ A を閉じた回路

スイッチ B を閉じた場合の回路は図 2 のようになる。負荷が平衡しているので，スイッチ B を閉じた場合には中性線には相殺されて電流が流れない。これより中性線の抵抗の電圧降下 0 になるので，この場合の回路を流れる電流 I'〔A〕は，

$$I' = \frac{105}{0.1+3.3} = \frac{105}{3.4} = 30.9 \text{〔A〕}$$

となるので，負荷の端子電圧 V'〔V〕は，

$$V' = 3.3\, I_A = 3.3 \times 30.9 = 102 \text{〔V〕}$$

となって，a−b 間の電圧の変化 v_{ab}〔V〕は，

$$v_{ab} = V' - V = 102 - 99 = 3 \text{〔V〕}$$

となって 3〔V〕上がる。

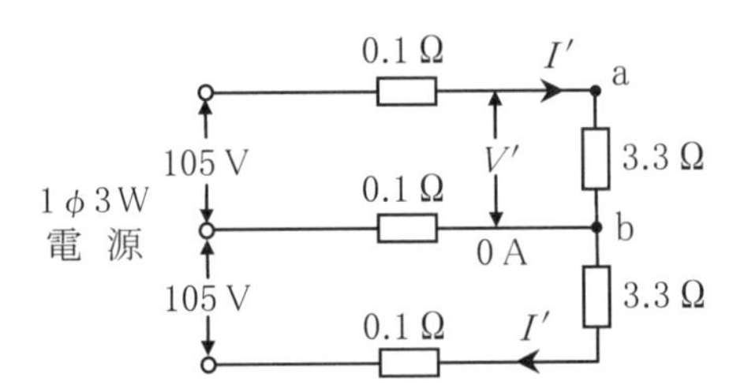

図2　スイッチ A とスイッチ B を閉じた回路

【関連問題 7】

図のように定格 100〔V〕，100〔W〕の白熱電球 20 灯に電力を供給する単相 3 線式配電線路がある。スイッチ A のみを閉じたときの配電線路の損失〔W〕は，スイッチ A と B を閉じたときの配電線路の損失〔W〕の何倍か。正しいものはどれか。

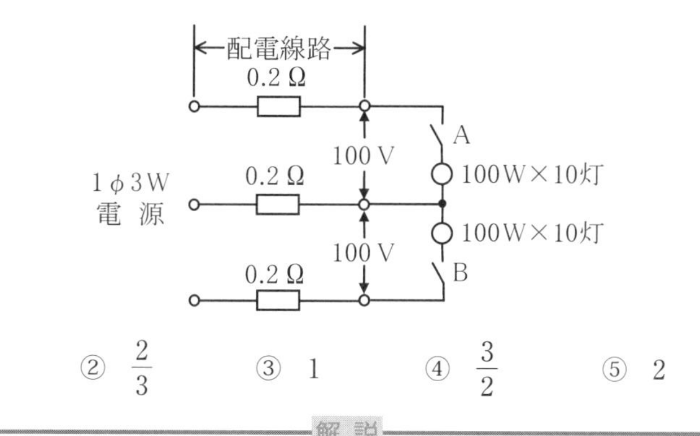

① $\frac{1}{2}$　　② $\frac{2}{3}$　　③ 1　　④ $\frac{3}{2}$　　⑤ 2

解説

スイッチAのみを閉じたときの負荷の電力は，白熱電球が10灯になるので100〔W〕×10＝1000〔W〕となる。図1より線路を流れる電流 I〔A〕は，電圧が100〔V〕なので，

$$I=\frac{1000}{100}=10〔A〕$$

となる。これよりスイッチAのみを閉じたときの配電線路の損失 P_A〔W〕は，

$$P_A=(r+r)I^2=(0.2+0.2)\times10^2=0.4\times100=40〔W〕$$

となる。

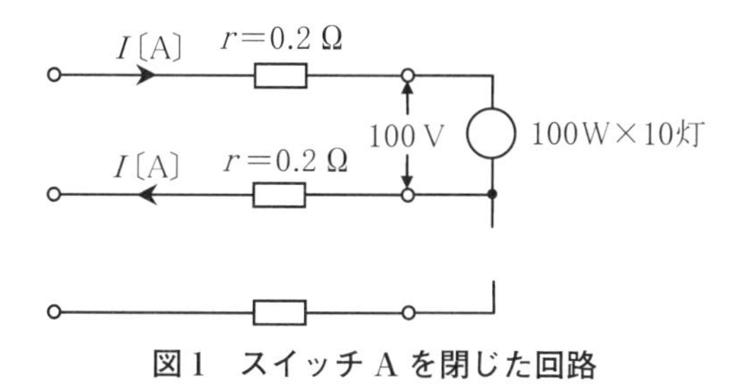

図1　スイッチAを閉じた回路

次にスイッチAとBを閉じたときは図2のようになる。負荷は平衡しているので中性線には電流は流れない。この場合でも負荷電力と電流はスイッチAのみを閉じた場合と同じなので，スイッチAとBを閉じたときの配電線路の損失 P_{AB}〔W〕は，

$$P_A=(r+r)I^2=(0.2+0.2)\times10^2=0.4\times100=40〔W〕$$

となるので，配電線路の損失は同じになる。

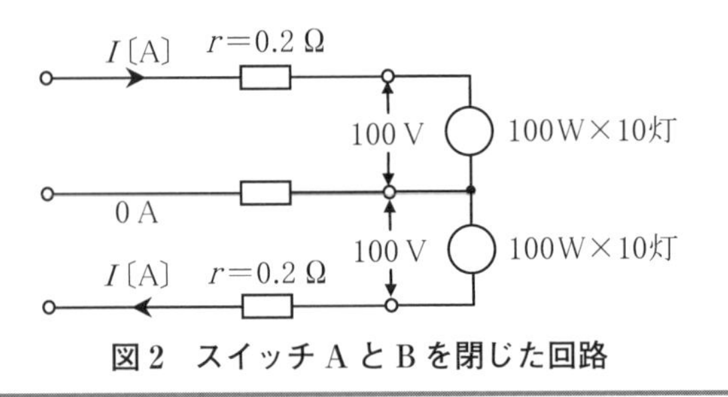

図2　スイッチ A と B を閉じた回路

【関連問題 8】

図のような単相 3 相式回路の 1 線が図中の×印点で断線した場合，ab 間の電圧〔V〕として正しいものはどれか。ただし線路のインピーダンスは無視するものとする。

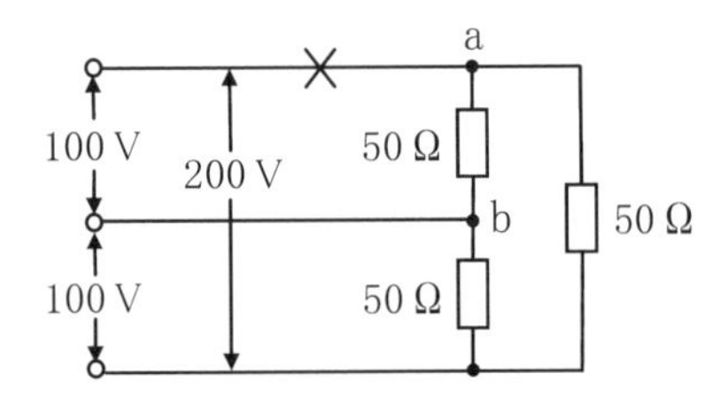

①　0 V　　②　50 V　　③　100 V　　④　150 V　　⑤　200 V

解説

単相 3 相式回路の 1 線が図中の×印点で断線した場合には，単相 2 線式 100 V 回路になるので，図のように回路を書き換えることができる。すると 50〔Ω〕の抵抗が直列に接続された部分の合成抵抗が 100〔Ω〕になるので，この部分に流れる電流 I〔A〕は電圧が 100〔V〕なので，

$$I=\frac{100}{100}=1\text{〔A〕}$$

となる。ゆえに，ab 間の電圧 V_{ab}〔V〕は，図の ab 間の抵抗 50〔Ω〕の端子電圧に等しくなるので，

$$V_{ab}=50\,I=50\times1=50\text{〔V〕}$$

となる。

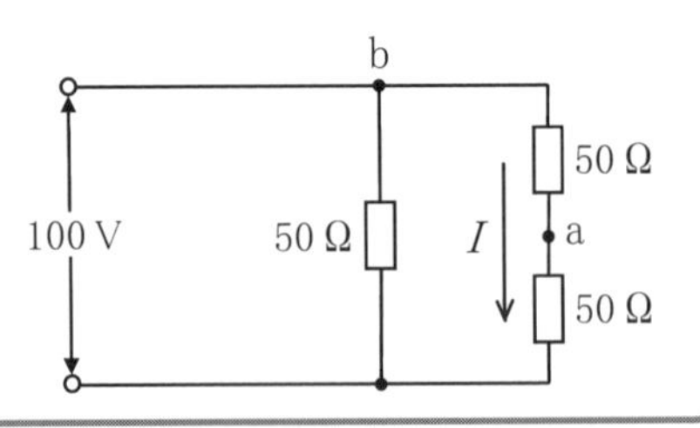

【関連問題 9】

図に示す単相3線式回路の端子 b−c 間の電圧 V_{bc}〔V〕として正しいものはどれか。

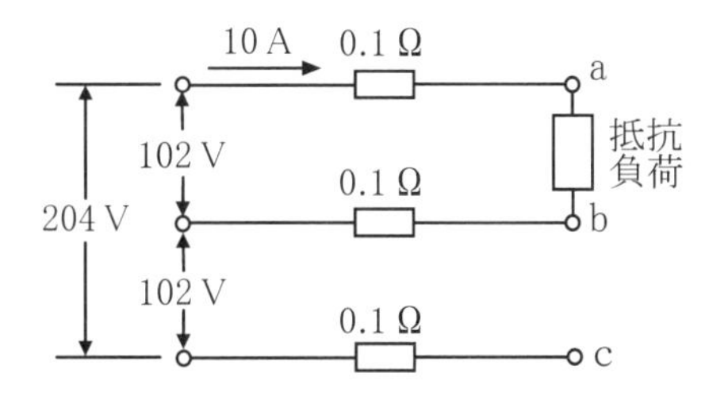

① 99 V　② 100 V　③ 101 V　④ 102 V　⑤ 103 V

解説

B−b 間には図に示す方向に $I=10$〔A〕の電流が流れる。図の BC 間の起電力 V_{BC}〔V〕に対して線路電流が負の電圧降下の方向（電圧上昇）となっているので，図中で示すように電池の極性が同じものを直列につなげたものと等価になる。これより，起電力 V_{BC}〔V〕に線路の電圧降下を加えたものが，bc 間の電圧 V_{bc}〔V〕となる。

$V_{bc}=102+1=103$〔V〕

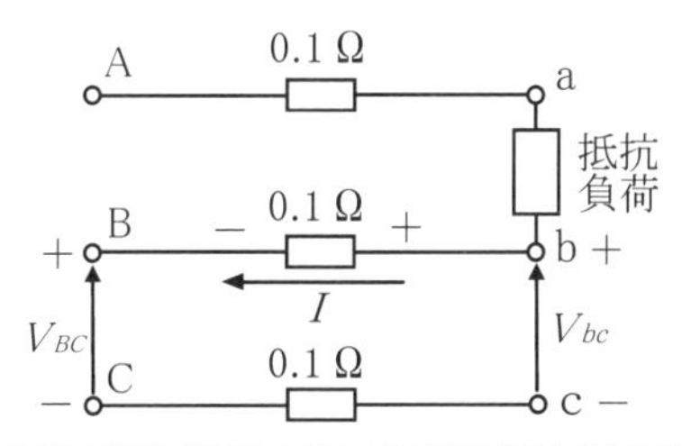

【関連問題 10】

図に示す単相3線式回路の設備不等率として，正しいものはどれか。

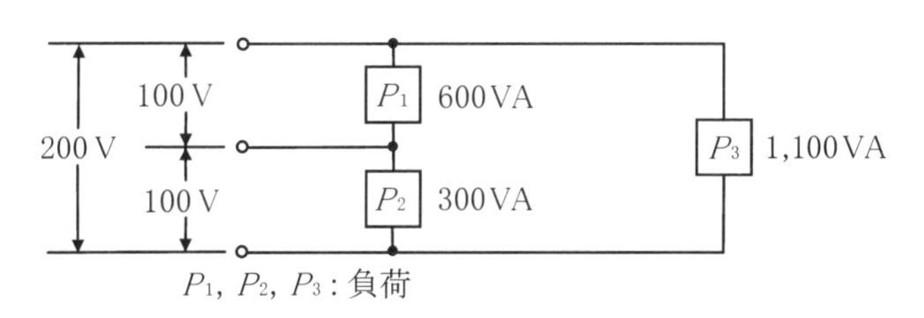

① 10%　② 20%　③ 30%　④ 40%　⑤ 50%

解 説

$$\text{設備不等率}=\frac{\text{中性線に接続される負荷の設備容量の差}}{\text{総負荷設備容量}\times\frac{1}{2}}$$

$$=\frac{600-300}{(600+300+1100)\times\frac{1}{2}}\times100=\frac{600}{2000}\times100=30\ 〔\%〕$$

【関連問題 11】

図のような三相交流回路において，電源の電圧〔V〕として正しいものはどれか。ただし線路のリアクタンスは無視するものとする。

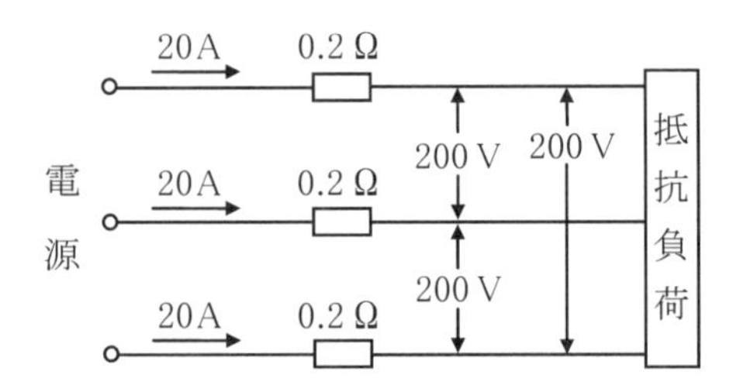

① 202 V　② 203 V　③ 205 V　④ 207 V　⑤ 210 V

解 説

三相配電線路の電圧降下 $\varDelta v$〔V〕は，線電流を I〔A〕，線路抵抗を r〔Ω〕とすると，

$\varDelta v=\sqrt{3}\,Ir$〔V〕

で表されるので，

$\varDelta v=\sqrt{3}\,Ir=\sqrt{3}\times20\times0.2=6.93$〔V〕

となって，電源の電圧 V〔V〕は，

$V=200+6.93=206.93\fallingdotseq207$〔V〕

である。

【関連問題 12】

図のような三相交流回路で，電源の線間電圧は 210〔V〕であるとき抵抗負荷端の線間電圧〔V〕として正しいものはどれか。ただし線路のリアクタンスは無視するものとする。

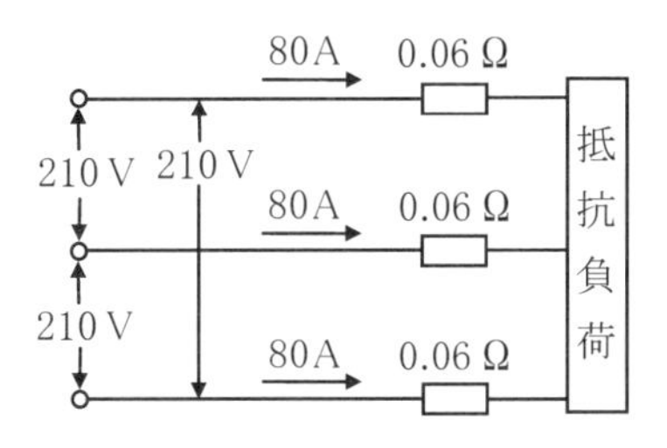

① 198 V　② 200 V　③ 202 V　④ 204 V　⑤ 206 V

解 説

線路の電圧降下 Δv〔V〕は，

$$\Delta v=\sqrt{3}\,Ir=\sqrt{3}\times 80\times 0.06=8.31\text{〔V〕}$$

となって，抵抗負荷端の線間電圧 V〔V〕は，

$$V\text{〔V〕}=210-8.31=201.7\fallingdotseq 202$$

となる。

【関連問題 13】

図のように，定格電圧 200〔V〕，消費電力 18〔kW〕，力率 0.9（遅れ）の三相負荷に電気を供給する配電線路がある。この配電線路の電力損失〔kW〕として正しいものはどれか。ただし，電線 1 線当たりの抵抗は 0.1〔Ω〕とし，配電線路のリアタタンスは無視できるものとする。

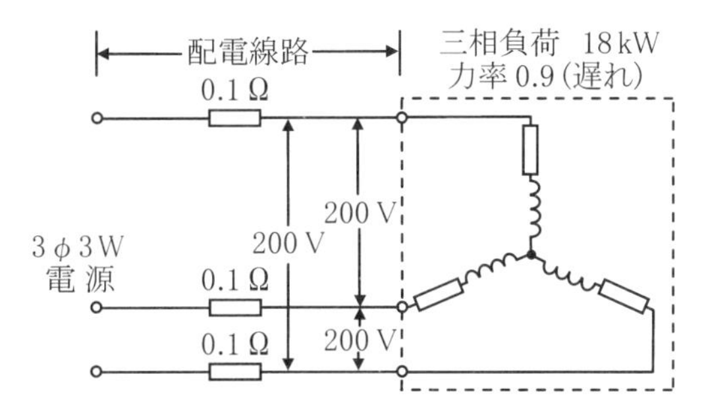

① 0.4〔kW〕　② 0.55〔kW〕　③ 0.7〔kW〕
④ 0.85〔kW〕　⑤ 1.0〔kW〕

解 説

三相 3 線式配電線路の負荷の消費電力 $P=18\times 10^3$〔W〕，負荷の端子電圧 $V=200$〔V〕，遅れ力率 $\cos\theta=0.9$（90〔%〕）のときの線電流 I〔A〕は，

$$P=\sqrt{3}\,VI\cos\theta\text{〔W〕}$$

より，

$$I=\frac{P}{\sqrt{3}\ V\cos\theta}=\frac{18\times10^3}{\sqrt{3}\times200\times0.9}=57.7\text{〔A〕}$$

となる。電線1条当たりの抵抗 r を0.1〔Ω〕とすると，この配電線路の損失 p〔kW〕は，

$$p=3I^2r=3\times57.7^2\times0.1=999\text{〔W〕}\fallingdotseq1.0\text{〔kW〕}$$

である。

【関連問題14】

図のように三相3線式の高圧配電線路の末端に遅れ力率80〔%〕の三相負荷がある。変電所から負荷までの配電線路の電圧降下（V_s-V_r）が600〔V〕であるとき，配電線路の線電流 I の値〔A〕として正しいものはどれか。ただし電線1線当たりの抵抗0.8〔Ω〕，リアクタンスは0.6〔Ω〕とする。

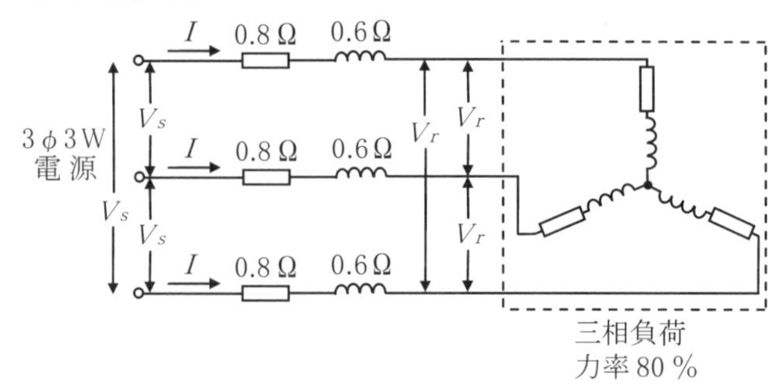

① 200〔A〕　② $200\sqrt{3}$〔A〕　③ $208\sqrt{3}$〔A〕
④ $250\sqrt{3}$〔A〕　⑤ 600〔V〕

解説

三相3線式配電線路の電圧降下（V_s-V_r）〔V〕は，線電流を I〔A〕，電線1線当たりの抵抗を R〔Ω〕，線路のリアクタンスを X〔Ω〕，負荷の力率を遅れ $\cos\theta$ とすれば，

$$(V_s-V_r)=\sqrt{3}I(R\cos\theta+X\sin\theta)\text{〔V〕}$$

となるので，$(V_s-V_r)=600$〔V〕，$R=0.8$，$X=0.6$，$\cos\theta=0.8$，$\sin\theta=\sqrt{1-\cos^2\theta}=\sqrt{1-0.8^2}=0.6$ とすれば，線電流 I〔A〕は，

$$(V_s-V_r)=600=\sqrt{3}\times I(0.8\times0.8+0.6\times0.6)=\sqrt{3}\times I\times1$$

$$\therefore\quad I=\frac{600}{\sqrt{3}}=\frac{600\sqrt{3}}{\sqrt{3}\times\sqrt{3}}=\frac{600\sqrt{3}}{3}=200\sqrt{3}\text{〔A〕}$$

となる。

【関連問題 15】

三相3線式配電線路の末端に接続されている負荷の線間電圧は V〔kV〕，電力は P〔kW〕，力率は $\cos\theta$ であった。この場合，線路の電圧降下 $\varDelta V$〔V〕の式として，正しいものはどれか。

ただし，電線1条当りの抵抗を R〔Ω〕，リアクタンスを X〔Ω〕とする。

① $\varDelta V=\dfrac{P}{V}\left(R+X\tan\theta\right)$　② $\varDelta V=\dfrac{P}{V}\left(R\tan\theta+X\right)$

③ $\varDelta V=\dfrac{P}{V}\left(R+X\right)$　④ $\varDelta V=\dfrac{P}{\sqrt{3}\,V}\left(R+X\tan\theta\right)$

⑤ $\varDelta V=\dfrac{P}{\sqrt{3}\,V}\left(R\tan\theta+X\right)$

解説

電力 P〔kW〕は負荷に流れる電流を I〔A〕とすると，

$$P=\sqrt{3}VI\cos\theta \text{〔kW〕}$$

で表すことができる。三相3線式配電線路の電圧降下 $\varDelta V$〔V〕の式は，

$$\varDelta V=\sqrt{3}\,I(R\cos\theta+X\sin\theta) \text{〔V〕}$$

で表すことができる。電力の式より I〔A〕は，

$$I=\frac{P}{\sqrt{3}\,V\cos\theta} \text{〔A〕}$$

となるので，電圧降下 $\varDelta V$〔V〕の式に代入すると，

$$\begin{aligned}\varDelta V&=\sqrt{3}\,I(R\cos\theta+X\sin\theta)\\&=\sqrt{3}\times\frac{P}{\sqrt{3}\,V(R\cos\theta+X\sin\theta)}(R\cos\theta+X\sin\theta)\\&=\frac{P}{V\cos\theta}(R\cos\theta+X\sin\theta)=\frac{P}{V}\left(\frac{R\cos\theta}{\cos\theta}+\frac{X\sin\theta}{\cos\theta}\right)\\&=\frac{P}{V}\ (R+X\tan\theta) \text{〔V〕}\end{aligned}$$

である。

解答

【重要問題 14】 ②

【関連問題 1】 ②　【関連問題 2】 ⑤　【関連問題 3】 ①
【関連問題 4】 ⑤　【関連問題 5】 ③　【関連問題 6】 ③
【関連問題 7】 ③　【関連問題 8】 ②　【関連問題 9】 ⑤
【関連問題 10】 ③　【関連問題 11】 ④　【関連問題 12】 ③
【関連問題 13】 ⑤　【関連問題 14】 ②　【関連問題 15】 ①

（解答は P. 75）

【重要問題 15】　　**次の計算問題を答えなさい。**

出力 10,000 kV・A で遅れ力率 60% の変電所において，力率を遅れ率 80% にするために必要なコンデンサ容量として正しいものはどれか。

① 1200 kvar　② 2000 kvar　③ 3500 kvar
④ 5000 kvar　⑤ 7500 kvar

出力 10,000〔kV・A〕で遅れ力率 60〔%〕，有効電力を P〔kW〕，そのときの無効電力を Q_1〔kvar〕，必要なコンデンサ容量を Q_C〔kvar〕，力率が遅れ率 80〔%〕になったときの無効電力を Q_2〔kvar〕とすれば図のようなベクトル図を描くことができる。

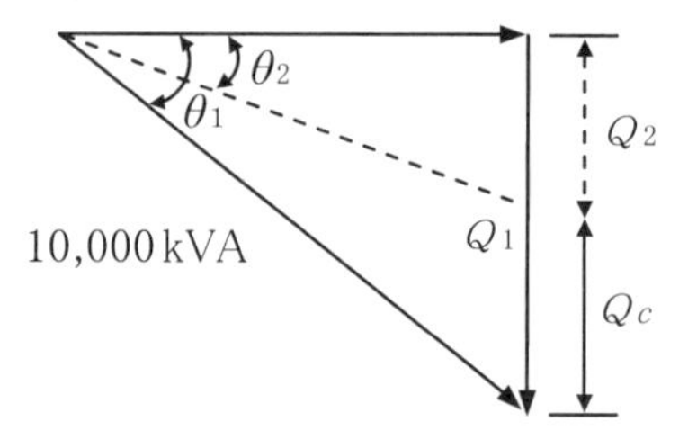

Q_1〔kvar〕は，

$$\sqrt{P^2+Q_1{}^2}=10,000 \text{〔kV・A〕}$$

より，

$$Q_1=\sqrt{10,000^2-P^2}=\sqrt{10,000^2-(10,000\times0.6)^2}=8000 \text{〔kvar〕}$$

である。力率が遅れ率 80〔%〕に改善された後の力率 $\cos\theta_2$ は，

$$\cos\theta_2=\frac{P}{\sqrt{P^2+Q_2{}^2}}=\frac{10,000\times0.6}{(10,000\times0.6)^2+Q_2{}^2}=\frac{6000}{\sqrt{6000^2+Q_2{}^2}}=0.8$$

より，

$$6000=0.8\sqrt{6000^2+Q_2{}^2}$$

$$6000^2=0.64(6000^2+Q_2{}^2)$$

$$Q_2=\sqrt{\frac{6000^2-0.64\times6000^2}{0.64}}=4500 \text{〔kvar〕}$$

となるのでベクトル図より必要なコンデンサ容量 Q_C〔kvar〕は，

$Q_C = Q_1 - Q_2 = 8000 - 4500 = 3500$〔kvar〕

である。

【関連問題１】

図のように，三相３線式構内は配電線路の末端に力率 80〔%〕（遅れ）の三相負荷があり，線電流は 50〔A〕であった。いまこの負荷と並列に電力用コンデンサ C を接続して，線路の力率を 100〔%〕に改善した場合，この配電線路の電力損失〔kW〕として正しいものはどれか。ただし，電線１線当たりの抵抗は 0.4〔Ω〕，線路のリアクタンスは無視できるものとし，負荷電圧は一定とする。

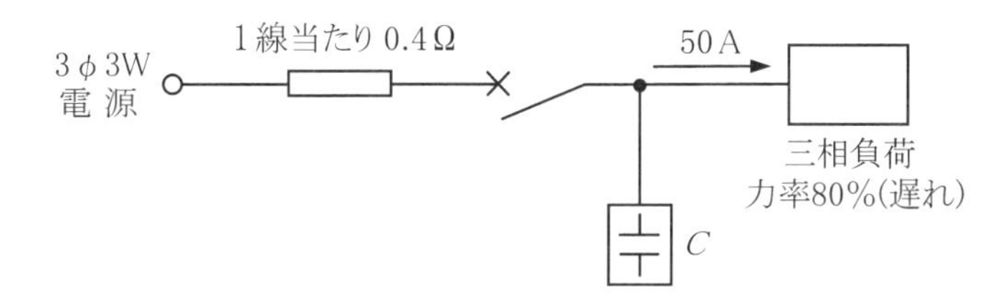

① 1.08 kW　② 1.12 kW　③ 1.52 kW　④ 1.92 kW　⑤ 3.00 kW

解 説

線電流が 50〔A〕で力率 80〔%〕（遅れ）のときの有効電流 I_1〔A〕は，

$I_1 = 50 \times 0.8 = 40$〔A〕

となる。力率を 100〔%〕に改善した場合には線電流が有効電流に等しくなる。この配電線路の電力損失 p〔kW〕は，電線１線当たりの抵抗が 0.4〔Ω〕なので，

$p = 3 \times I_1^2 \times 0.4 = 3 \times 40^2 \times 0.4 = 1920$〔W〕$= 1.92$〔kW〕

となる。

【関連問題２】

三相３線式配電線路に接続された遅れ力率 80〔%〕の三相負荷がある。これに並列にコンデンサを設置して力率を 100〔%〕に改善した場合，配電線路の電力損失はもとの何倍となるか。正しいものはどれか。ただし，負荷の電圧は変化しないものとする。

① 0.64　② 0.80　③ 0.90　④ 1.00　⑤ 1.25

解 説

配電線路の電力損失は線路電流の２乗に比例する。前問の結果から力率 80

〔%〕から力率 100〔%〕に改善した場合の線路電流は 40/50=0.8 となるので電力損失はこの 2 乗に比例し，$0.8^2=0.64$ 倍となる。

【関連問題３】

負荷電圧 6,600〔V〕，負荷電流 50〔A〕，遅れ力率 60〔%〕の三相負荷がある。負荷端において力率を 80〔%〕に改善した場合，線路に流れる電流〔A〕として正しいものはどれか。ただし，負荷電圧及び消費電力は変わらないものとする。

① 22.5 A　② 30.0 A　③ 37.5 A　④ 40 A　⑤ 45 A

解説

改善前の場合の有効電流 I_1〔A〕は，

$$I_1=I\times\cos\theta_1=50\times0.6=30\ \text{〔A〕}$$

となる。負荷電圧及び消費電力は変わらないので，力率を 80〔%〕に改善した場合の線電流 I_2〔A〕は，

$$I_2=\frac{30}{\cos\theta_2}=\frac{30}{0.8}=37.5\ \text{〔A〕}$$

となる。

【関連問題４】

定格容量 100〔kV・A〕，消費電力 80〔kW〕，力率 80〔%〕（遅れ）の負荷に電力を供給する高圧受電設備に，定格容量 30〔kvar〕の高圧進相コンデンサを設置し，力率を改善した。力率改善後におけるこの設備の無効電力〔kvar〕の値として正しいものはどれか。

① 20 kvar　② 30 kvar　③ 50 kvar

④ 60 kvar　⑤ 75 kvar

解説

力率 80〔%〕（遅れ）のときの無効電力 Q_1〔var〕は，

$$Q_1=S\times\sqrt{1-0.8^2}=100\times\sqrt{0.36}=100\times0.6=60\ \text{〔var〕}$$

となる。定格容量 $Q_C=30$〔kvar〕の高圧進相コンデンサを設置した場合の設備の無効電力 Q_2〔var〕は，

$$Q_2=Q_1-Q_C=60-30=30\ \text{〔kvar〕}$$

となる。

【関連問題５】

電力コンデンサ回路において，第５高調波に対して誘導性となる直列リアクトルの容量〔%〕として，最も小さいものはどれか。ただし，直列リアクトルの容量〔%〕は，コンデンサ容量に対する割合とする。

① 2%　② 4%　③ 6%　④ 8%　⑤ 10%

解説

電力コンデンサ回路に直列リアクトルを接続したときの等価回路は図１のようになる。第 n 次調波のときの回路のリアクタンスは図２のようになる。

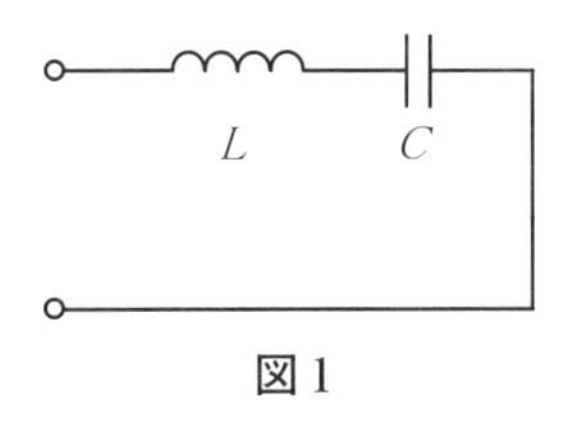

図 1

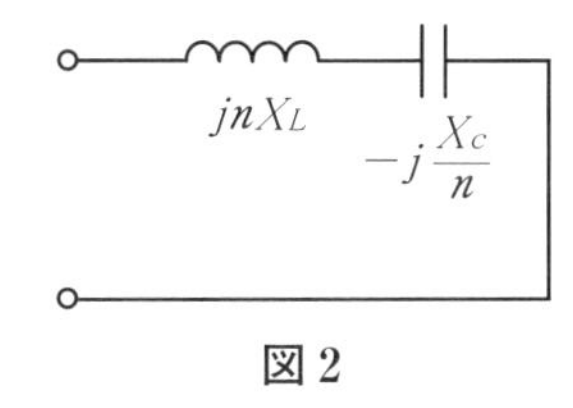

図 2

第５高調波（$n=5$）に対して誘導性となる条件は，

$$jnX_L - j\frac{X_C}{n} > 0$$

である。これより，

$$jnX_L > j\frac{X_C}{n}$$

$$nX_L > \frac{X_C}{n}$$

$$\frac{X_L}{X_C} > \frac{1}{n^2}$$

$$\frac{X_L}{X_C} > \frac{1}{5^2} = \frac{1}{25} = 0.04$$

となって第５高調波に対して誘導性になるためには 4% を超えてなければならないので 6% が適当なものとなる。

解答

【重要問題 15】 ③　【関連問題１】 ④　【関連問題２】 ①
【関連問題３】 ③　【関連問題４】 ②
【関連問題５】 ③

4．短絡容量

（解答は P. 78）

【重要問題 16】　次の計算問題を答えなさい。

図に示す受電点の短絡容量として正しいものはどれか。ただし，パーセントインピーダンス（$\%Z_g$，$\%Z_\ell$）は，10 MV・A を基準容量とする。

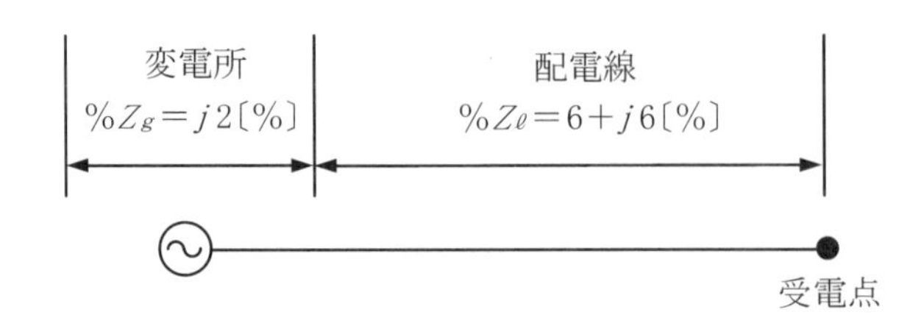

① 10 MV・A　② 50 MV・A　③ 75 MV・A
④ 100 MV・A　⑤ 125 MV・A

解説

基準容量を P_B〔MV・A〕，基準電圧を V_B〔kV〕，基準電流を I_B〔kA〕とすれば，

$$P_B = \sqrt{3}\,V_B I_B \text{〔MV・A〕}$$

である。基準容量 P_B〔MV・A〕に対する系統のインピーダンス Z〔Ω〕の%インピーダンス$\%Z$〔%〕は，

$$\%Z = \frac{\sqrt{3}\,I_B Z}{V_B} \times 100 \text{〔%〕}$$

より，

$$\therefore\quad Z = \frac{\%Z V_B}{\sqrt{3}\,I_B \times 100} \text{〔Ω〕}$$

である。基準電圧 V_B〔kV〕に対する短絡電流 I_S〔kA〕は系統のインピーダンスを Z〔Ω〕とすれば，

$$I_S = \frac{V_B}{\sqrt{3}\,Z} \text{〔kA〕}$$

であるので，短絡容量 P_S〔MV・A〕は，

$$P_S = \sqrt{3}\,V_B I_S = \sqrt{3}\,V_B \times \frac{V_B}{\sqrt{3}\,Z} = V_B \times \frac{V_B}{\dfrac{\%Z V_B}{\sqrt{3}\,I_B \times 100}}$$

$$=\frac{\sqrt{3}\,I_B V_B}{\%Z}\times 100=\frac{P_B}{\%Z}\times 100\ 〔\mathrm{MV\cdot A}〕$$

で求められる。$\%Z$〔%〕は，

$$\%Z=\%Z_g+\%Z_\ell=j\,2+6+j\,6=6+j\,8\ 〔\%〕$$

より短絡容量 P_S〔MV・A〕は，

$$P_S=\frac{P_B}{|\%Z|}\times 100=\frac{10}{\sqrt{6^2+8^2}}\times 100=\frac{1000}{10}=100\ 〔\mathrm{MV\cdot A}〕$$

である。

【関連問題】

二つの異なる電源に接続された下図の送電系統において，点Pの短絡電流 I_S〔A〕を求める計算式として正しいものはどれか。ただし，$\%Z_1$，$\%Z_2$，$\%Z_3$ は，基準容量 10〔MV・A〕，基準電圧 V〔kV〕としたときの%インピーダンスとする。また，$I_N=\dfrac{10{,}000}{\sqrt{3}\,V}$〔A〕とする。

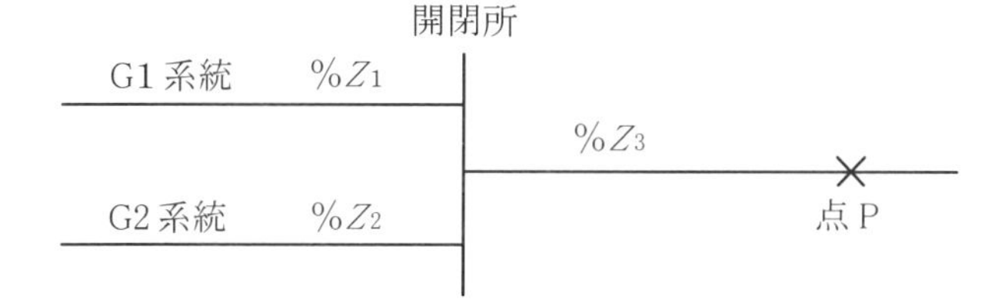

① $I_S=\dfrac{100\,I_N}{\%Z_1+\%Z_2+\%Z_3}$〔A〕

② $I_S=\dfrac{100\,I_N}{\dfrac{1}{\%Z_1}+\dfrac{1}{\%Z_2}+\dfrac{1}{\%Z_3}}$〔A〕

③ $I_S=\dfrac{100\,I_N}{\%Z_1+\%Z_2+\dfrac{1}{\%Z_3}}$〔A〕

④ $I_S=\dfrac{100\,I_N}{\dfrac{1}{\%Z_1}+\dfrac{1}{\%Z_2}+\%Z_3}$〔A〕

⑤ $I_S=\dfrac{100\,I_N}{\dfrac{1}{\dfrac{1}{\%Z_1}+\dfrac{1}{\%Z_2}}+\%Z_3}$〔A〕

解 説

G 1 系統と G 2 系統は並列なのでその%インピーダンスを合成すると，

$$\frac{1}{\dfrac{1}{\%Z_1}+\dfrac{1}{\%Z_2}}\ 〔\%〕$$

であり，事故系統の$\%Z_3$とは直列接続になるので，全体の%合成インピーダンス$\%Z$は，

$$\%Z=\frac{1}{\dfrac{1}{\%Z_1}+\dfrac{1}{\%Z_2}}+\%Z_3$$

である。短絡電流I_Sは，

$$I_S=\frac{I_N}{\%Z}\times 100\ 〔\mathrm{A}〕$$

であるのでこれを代入すれば，

$$I_S=\frac{I_N}{\%Z}\times 100=\frac{100\,I_N}{\dfrac{1}{\dfrac{1}{\%Z_1}+\dfrac{1}{\%Z_2}}+\%Z_3}\ 〔\mathrm{A}〕$$

である。

解答

【重要問題 16】 ④　　【関連問題】 ⑤

5．変圧器の負荷分担

（解答は P. 80）

【重要問題 17】　次の計算問題を答えなさい。

定格容量が 100 MV・A と 200 MV・A の 2 台の変圧器を並行運転して合計 90 MW の負荷としたとき，定格容量が 100 MV・A の変圧器の負荷分担 MW として，正しいものはどれか。ただし，両変圧器の抵抗とインピーダンスの比は等しいものとし，短絡インピーダンス（インピーダンス電圧）は 11% とする。

①　15 MW　　②　20 MW　　③　30 MW　　④　45 MW　　⑤　60 MW

両変圧器の抵抗とインピーダンスの比が等しく短絡インピーダンスも等しいときは，分担負荷は変圧器の容量に比例するので，定格容量が 100 MV・A の変圧器の負荷分担は，

$$\frac{100}{100+200}\times 90=\frac{1}{3}\times 90=30\ \text{〔MW〕}$$

である。

【関連問題】

次の図に示す力率 1.0，5 kW の単相負荷 2 台と，遅れ力率 cos 30°，30 kW の三相平衡負荷に 2 台の単相変圧器で電力を供給する場合，共用相の変圧器容量として正しいものはどれか。ただし，変圧器の結線は V 結線で三相 4 線式とし，利用率は 100% 以下とする。

①　10 kV・A　　②　15 kV・A　　③　20 kV・A

④　30 kV・A　　⑤　40 kV・A

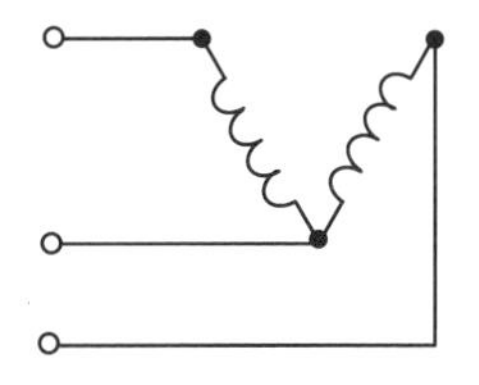

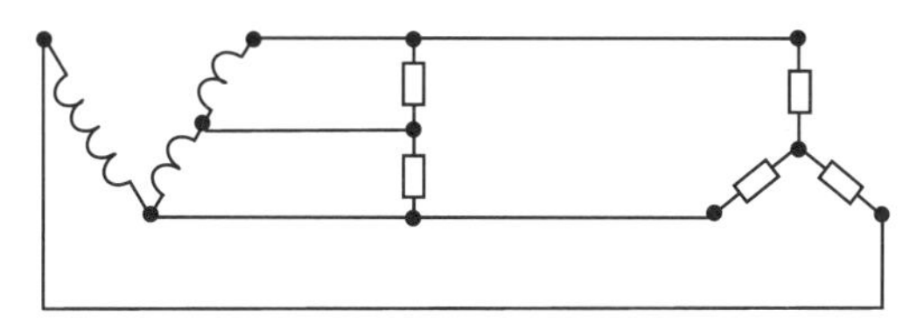

解 説

各部の電圧と電流を図 1 のように示す。

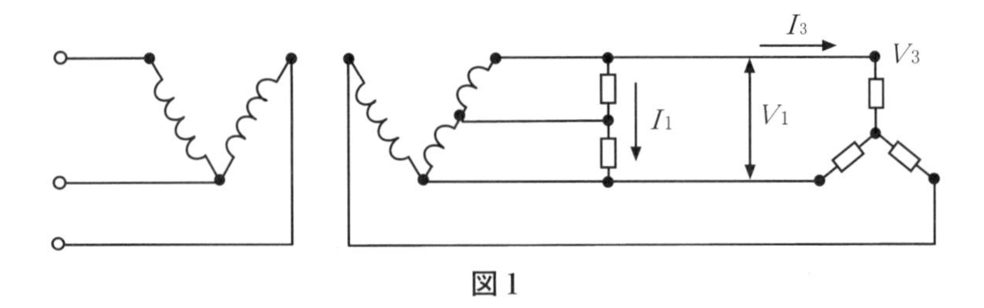

図 1

単相負荷の力率は 1 なのでその電流 I_1 は共用相（単相と三相負荷を分担する変圧器）の端子電圧 V_1 と同相になる。三相の負荷の力率は $\cos 30°$ なのでその電流 I_3 は三相の相電圧 $V_3\left(=\dfrac{V_1}{\sqrt{3}}\right)$ に対して 30° 遅れで共用相の端子電圧 V_1 と同相になる。これより共用相の端子電圧 V_1 に対して I_1 と I_3 は同相になる。ゆえに図 1 から図 2 のようなベクトル図を描くことができる。

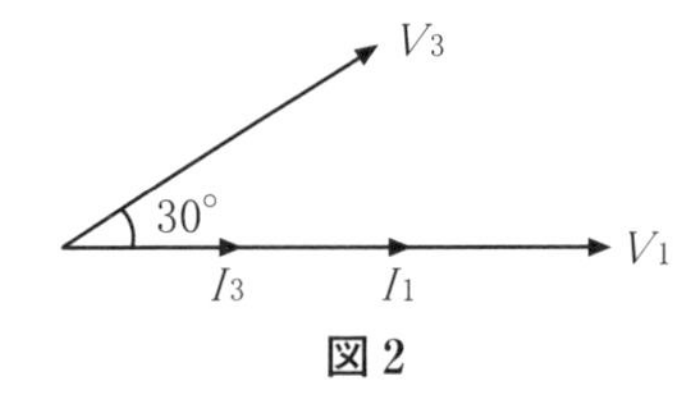

図 2

単相負荷 P_1 と三相負荷の電力 P_3 は,

$$P_1 = V_1 I_1 = 5+50 = 10 \text{〔kW〕}$$

$$P_3 = \sqrt{3}\ V_1 I_3 \cos 30° = 30 \text{〔kW〕}$$

なので I_1 と I_3 はそれぞれ次のようになる。

$$I_1 = \frac{P_1}{V_1} = \frac{10}{V_1}$$

$$I_3 = \frac{P_3}{\sqrt{3}\ V_1 \cos 30°} = \frac{30}{\sqrt{3}\ V_1 \times \dfrac{\sqrt{3}}{2}} = \frac{20}{V_1}$$

共用相の変圧器容量は,

$$P = V_1(I_1 + I_3) = V_1\left(\frac{10}{V_1} + \frac{20}{V_1}\right) = 30 \text{〔kV・A〕}$$

である。

【重要問題 17】 ③　　【関連問題】 ④

第４章 電気工事に関する用語

1．～3．　変圧器関連
4．～5．　回転機関係
6．～9．　電線関連
10．～12．　変電所関連
13．～15．　継電器・各種試験関連
16．～18．　照明関連
19．～20．　電力系統関連
21．～24．　電源関連
25．～26．　送電関連
27．～28．　配電関連
29．～30．　接地関連
31．　制御関連
32．～33．　通信関連
34．～35．　消防関連
36．～39．　電気鉄道関連
40．　道路設備関連

学習のポイント

最近の傾向として12問出題してその内の４問を解答するようになっています。第二次検定で取り上げた項目の他第一次検定で出題される項目からも出題されるので第一次検定の知識が役に立ちます。

解答として，技術的な内容を具体的に２つ記述すればよいので，本書の解答例すべてを理解しなくとも大丈夫です。余裕を持って学習しましょう。

1．変圧器関連その1

【重要問題18】

電気工事に関する次の用語の**技術的な内容**を具体的に**2つ**記述しなさい。ただし，技術的な内容とは，施工上の留意点，選定上の留意点，定義，動作原理，発生原理，目的，用途，方式，方法，特徴，対策などをいう。

1．スコット結線　　2．V結線
3．単巻変圧器　　4．灯動共用変圧器
5．モールド変圧器

解答

1．スコット結線

スコット結線は，**三相交流**を**二相交流**に**変成**する結線で，大容量の**単相負荷**，たとえば，**電気炉**，**交流式電気鉄道**などの電源用変圧器の結線に用いられる。同一定格の単相変圧器2台を用いてスコット結線にした変圧器の**利用率**は，負荷が平衡していれば，理論的に**86.6%**となるが，はじめからスコット結線変圧器専用のものを設計，製作すれば，利用率を**92.8%**に向上させることができる。

2．V結線

単相変圧器3台で三相運転していたとき，その内の1台が故障して**V結線**にすると，その出力は三相運転の場合の**57.7%**に低下するが，変圧器2台の出力比では変圧器の**利用率**は**86.6%**になる。三相変圧器の1相が故障したとき，内鉄形の変圧器の場合には，一般に故障巻線を取り除いて残り2相をV結線とし，また，外鉄形の変圧器の場合には，故障巻線を他の巻線から切り放して短絡し，その鉄心脚に磁束が入らないようにして，残り2相をV結線として使用することができる。

3．単巻変圧器

単巻変圧器とは少なくとも二つの巻線が**相互に共通な部分**を有する変圧器

をいう。図において，単巻変圧器の巻線が**相互に共通な部分**を**分路巻線**，**線路に直列に接続される部分**を**直列巻線**という。前者の巻数を N_K，後者の巻数を N_L とするとき，**自己容量**と**定格容量**の比は，$N_L/(N_K+N_L)$ で表される。単巻変圧器では，この値が小さいものほど，負荷容量に比し自己容量が小さくなって，材料の節約程度が大きくなりまた損失も少なくなり，運転効率が高くなる。しかし，インピーダンスが小さくなるため短絡電流が大となり，熱的および機械的耐力を増す必要があり，また，直列巻線は，単独で高電圧側に加わる衝撃電圧に耐えるようにしておく必要がある。

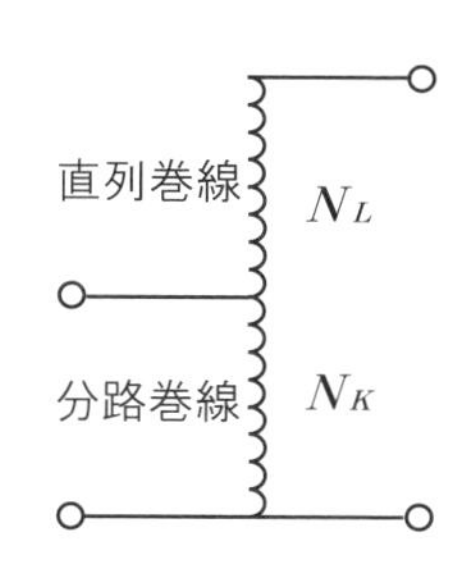

4. 灯動共用変圧器

図に示すように，**三相**の電源と**単相**の電源を同一の変圧器バンク又は同一低圧線から供給する方式を**灯動共用方式**といい，図の**異容量V結線方式**，Y結線方式及びトランスレータ方式などがある。この方式の特徴は動力負荷と電灯負荷間の不等率を利用して変圧器容量を低減することができる。異容量V結線方式の**三相負荷**のみを供給する変圧器を**専用相**，**三相負荷**と**単相負荷**を供給するのが**共用相**と呼ばれる。この方式はV結線であるため利用率が悪く高圧線側の電圧の不平衡をきたす欠点があるが，単相変圧器が2台ですむので経済的となる。

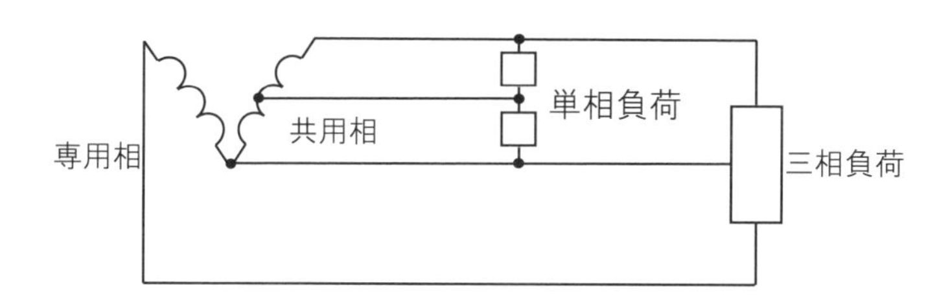

5. モールド変圧器

モールド変圧器は絶縁油を使用しない**乾式変圧器**に分類され，巻線の絶縁に**エポキシ樹脂**が用いられている。通常エポキシ樹脂は大気中で燃焼が持続しない特徴がある。変圧器コイルがエポキシ樹脂に覆われているため，**耐湿性**，**耐塵性**及び**耐震性**に優れているが，**冷却能力の限界**から大容量変圧器の採用はされない。

2．変圧器関連その２

【重要問題 19】

電気工事に関する次の用語の**技術的な内容**を具体的に**２つ**記述しなさい。ただし，技術的な内容とは，施工上の留意点，選定上の留意点，定義，動作原理，発生原理，目的，用途，方式，方法，特徴，対策などをいう。

1．励磁突入電流　　2．変圧器のコンセベータ
3．変圧器の無負荷損　　4．三相変圧器の並行運転条件

解答

1．励磁突入電流

無負荷の変圧器を回路に接続するとき，投入時の電圧の位相により変圧器の鉄心は過度な飽和状態となり，過大な**突入電流**が流れることがある。この電流を**励磁突入電流**と呼ぶ。この電流が最も大きくなるのは，変圧器に電圧が０の瞬間に投入されかつ，残留磁束が印加電圧による磁束の変化方向と同一の方向にあった場合となり，定格値の 10～30 倍に達することもあるが，20 数サイクル後には定常状態に落ちつく。しかし，この電流により保護継電器が動作すると変圧器を回路に投入できなくなるので**継電器**との**保護協調**が必要となる。

2．変圧器のコンサベータ

通常，油入変圧器は密閉されているが，負荷変動などにより変圧器内部の油や空気の温度が変化し，変圧器外箱内外に気圧の差を生じ外部の湿気が変圧器内部に侵入することを変圧器の**呼吸作用**という。これにより**絶縁油**が**酸化**し絶縁耐力が低下したり，スラッジが発生する。**呼吸作用の防止法**には絶縁油を空気に触れさせないように，**コンサベータ**，**窒素ガス封入**，**隔膜式**などを採用する。コンサベータは図に示すように変圧器外部にコンサベータと呼ばれる**補助タンク**を設け，絶縁油の膨張収縮はコンサベータ内で行わせる。このようにすると油の汚損はコンサベータ内に限られ変圧器本体への影響を最小限にとどめることができる。

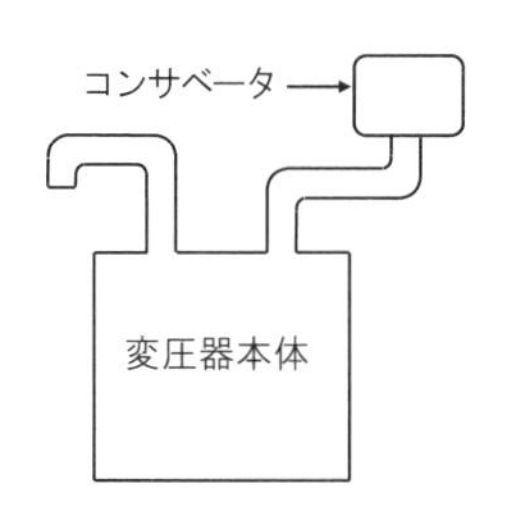

3. 変圧器の無負荷損

変圧器に磁束を発生させるためには**励磁電流**が必要となる。この励磁電流による損失が発生し，**ヒステリシス損**と**渦電流損**が発生する。変圧器が無負荷でもこの損失は発生し続けるので**無負荷損**と呼ばれる。また，発生するのが変圧器鉄心なので**鉄損**とも呼ばれる。

4. 三相変圧器の並行運転条件

① **極性**が**一致**していること。
② 各変圧器の**巻数比**が**等しい**こと。
③ 各変圧器の**百分率短絡インピーダンス**（%インピーダンス降下）が**等しい**こと。
④ 各変圧器の**巻線抵抗**と**漏れリアクタンス**の比が**等しい**こと。
⑤ **相回転**が**一致**していること。
⑥ **角変位**が**一致**していること。

*単相変圧器の並行運転条件は①～④である。

表1　三相変圧器の並行運転が可能になる結線方法の組み合わせ

並行運転可	並行運転不可
△－△結線と△－△結線	△－△結線と△－Y 結線
Y－Y 結線と Y－Y 結線	△－Y 結線と△－△結線
△－△結線と Y－Y 結線	Y－△結線と Y－Y 結線
△－Y 結線と△－Y 結線	Y－Y 結線と Y－△結線
Y－△結線と Y－△結線	
△－Y 結線と Y－△結線	

3．変圧器関連その3

【重要問題 20】

電気工事に関する次の用語の**技術的な内容**を具体的に**2つ**記述しなさい。ただし，技術的な内容とは，施工上の留意点，選定上の留意点，定義，動作原理，発生原理，目的，用途，方式，方法，特徴，対策などをいう。

1．油入変圧器の冷却方式
2．計器用変圧器（VT）
3．変流器（CT）
4．変圧器の騒音防止法
5．変圧器の絶縁油の具備すべき条件

解答

1．油入変圧器の冷却方式

油入変圧器の冷却方式には次のような種類がある。

① **油入自冷式**

変圧器に絶縁油を満たして，コイルおよび鉄心に発生した熱を油の対流作用によってタンク壁に伝え，放射と空気の対流によって熱を外気中に放散させる。

② **油入水冷式**

変圧器内部に水冷却管を設置してポンプにより冷却水を循環させて絶縁油を冷却する。

③ **油入風冷式**

変圧器外部に設置された放熱器を冷却ファンにより強制的に冷却する。

④ **送油自冷式**

油入変圧器の絶縁油を，本体タンクと放熱器との間に置いた送油ポンプにより，強制的に循環させる方式である。騒音を低減するために変圧器本体とポンプは屋内に設置し，放熱器を屋外に設置するのが一般的である。

⑤　**送油風冷式**

送油自冷式の放熱器を冷却ファンにより強制的に冷却するもので，他の方式に比べると騒音が大きくなる。

⑥　**送油水冷式**

送油自冷式の放熱器を水冷するもので冷却器がコンパクトになる利点があるが，欠点としては他の方式に比べて水系統の保守が必要になる。

2. 計器用変圧器（VT）

高電圧を低電圧に変圧し，変圧した電圧により**電圧計**，**電力計**などを指示させたり，地絡継電器や不足電圧継電器などを動作させる。計器用変圧器の一次側には，内部短絡事故の他への波及を防ぐために保護ヒューズが取付けられる。

二次側は高圧用計器用変圧器の場合は，二次側電路に**D種接地**しなければならない。

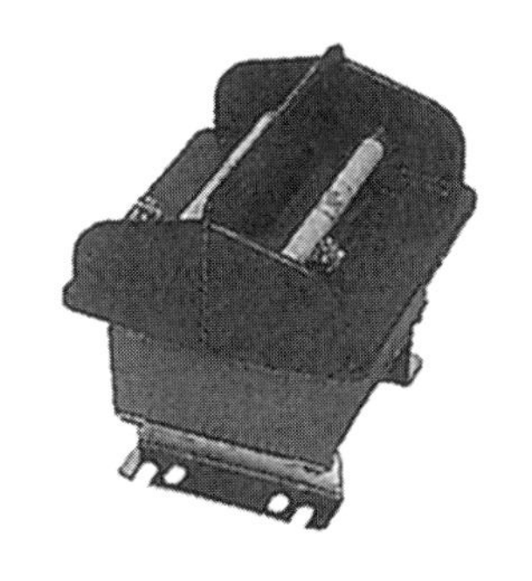

3. 変流器（CT）

回路の電流を，一定の比率で**小電流**に変換し，電流計で回路の**電流の測定用**に使用できるようにするために変流器（CT）が使用される。変流器の**定格二次電流**は，一般に**5A**又は**1A**となる。高圧用計器用変圧器と同様に，高圧用の変流器の二次側電路は，D種接地しなければならない。**使用中**の変流器の二次側回路を**開路**にすると一次電流がすべて励磁電流となり，鉄心が過度に飽和し，二次側に**異常電圧**を発生するので，必ず**閉路**の状態で使用しなければならない。取引用電力量計はVTとCTを組み合わせて使用する。

4. 変圧器の騒音防止法

① 鉄心の磁束密度を小さく設計して磁気ひずみを少なくする。
② 高磁束密度方向性けい素鋼板を使用する。
③ 鉄心構造や組立方法を適切にする。
④ 二重タンク構造とする。
⑤ 変圧器本体とタンクの間に吸音材等を充てんする。
⑥ 防振ゴムや吸音材を変圧器本体に張り付ける。
⑦ 冷却ファンの回転数を下げたり，冷却器を防音構造とする。

5. 変圧器の絶縁油の具備すべき条件

① 絶縁耐力が大きいこと。
② 化学的に安定であること。
③ 粘性が低いこと。
④ 引火点が高いこと。
⑤ 比熱容量，熱伝導率が大きいこと。
⑥ 凝固点が低いこと。

4. 回転機関係その1

【重要問題 21】

電気工事に関する次の用語の**技術的な内容**を具体的に**2つ**記述しなさい。ただし，技術的な内容とは，施工上の留意点，選定上の留意点，定義，動作原理，発生原理，目的，用途，方式，方法，特徴，対策などをいう。

1. スターデルタ始動
2. かご形誘導電動機の始動法
3. 誘導電動機の速度制御法
4. 誘導電動機の VVVF 制御

解答

1. スターデルタ始動

かご形三相誘導電動機をそのまま電源に接続して始動すると全負荷電流の4～8倍程度の始動電流が流れて電動機に過電流が流れ，また電源側に過大な電圧降下を生じさせる。このような始動法を**直入れ始動**という。始動電流を小さくするには，図のように**始動時**に電動機の固定子の巻線を切り替えスイッチにより**△結線からY結線**にしておき，始動が**完了**した後に**Y結線から△結線**に戻す**スターデルタ始動**（Y－△始動法）が容量の大きな電動機には採用される。これにより，始動時に電源を流れる電流を**直入始動**の場合の1／3に減ずることができるが，始動トルクも1／3になってしまう。

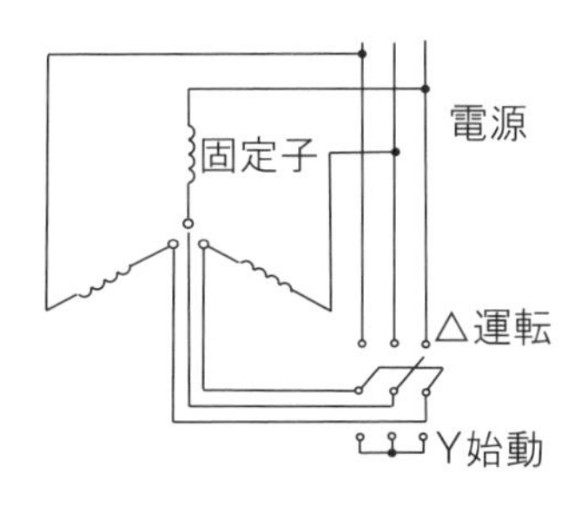

2. かご形誘導電動機の始動法

かご形誘導電動機の始動法には，**Y－△始動**の他に，**始動補償機始動**及び**リアクトル始動**がある。始動補償機始動は，電動機に単巻変圧器を接続し，電動機に電源電圧の $1/a$ の電圧が加わるようにすると，電動機に流れる電流は $1/a$ になるが，電源を流れる電流と始動トルクは $1/a^2$ になる。リアクトル始動は，電動機の一次側にリアクトルあるいは抵抗器を接続し始動すると，電動機に加わる電圧はリアクトルによる電圧降下分を差し引いたものになり，始動補償機に比べると電動機に流れる電流が同じであればリアクトル始動のほうが電源に流れる電流が大きくなり，トルクの低減度も大きくなる。リアクトル接続による電流低減を $1/a$ とすると，始動トルクは $1/a^2$ になる。

3. 誘導電動機の速度制御法

かご形誘導電動機の速度制御には，パワートランジスタ式**インバータ**が用いられることが多く，この装置はサイリスタを用いる場合と異なり，転流回路がなく，トランジスタ自身で交流出力の半サイクル内を相当高い周波数でオン・オフできる特徴を生かし，パルス幅変調方式が多く採用される。また，インバータ出力の電圧と周波数とがほぼ比例関係に保たれるよう制御する。

巻線形誘導電動機の速度制御の代表的なものに，巻線形誘導電動機の二次側に二次電圧と平衡する電圧を与えて，その大きさ，位相などを変えて電動機速度を制御する方法が二次励磁法である。この制御法は，二次電圧による速度制御法よりも効率が高く，速度変動率が小さいのが特長となる。**静止セルビウス方式**は，その代表例であり，二次すべり電力を電源に返還する。この他に，外部付加抵抗を調整する**二次抵抗制御法**，直流電動機を直結した**クレーマ方式**がある。

4. 誘導電動機の VVVF 制御

インバータによって電源の周波数 F と電圧 V の比 V/F を一定に制御して回転数を制御するのが VVVF 制御（可変電圧可変周波数制御）という。インバータ制御の特徴は次のようになる。

① インバータ制御は，速度を連続して制御できる。

② 高調波が発生するのでフィルタ等による高調波障害対策を検討する必要がある。

③ インバータ制御には，PWM 方式と PAM 方式がある。

④ 電源設備容量が直入始動に比べ小さくできる。

5．回転機関係その２

【重要問題 22】

電気工事に関する次の**用語の技術的**な内容を具体的に**2つ**記述しなさい。ただし，技術的な内容とは，施工上の留意点，選定上の留意点，定義，動作原理，発生原理，目的，用途，方式，方法，特徴，対策などをいう。

1．水力発電所の水車発電機　　2．水車のキャビテーション
3．タービン発電機　　4．同期発電電動機
5．同期発電機の並列運転の条件

解答

1．水力発電所の水車発電機

水車発電機の回転子の構造は，磁極に成層鉄心が用いられ，**突極形**を採用し，**制動巻線**をもつ。水車発電機は回転子径が大きく軸が短いので設置方式は立軸型となる。水車発電機の回転速度は設置される地点の落差により定まる水車の種類と**比速度**の上限より決定され，ほぼ 200～400 min^{-1} 程度である。

2．水車のキャビテーション

水車にキャビテーションが発生すると，流水中の水が蒸発し，空気が遊離して**泡**を生じる。この泡は流水とともに流れるが，圧力の高いところに出会うと急激に崩壊して大きな**衝撃力**を生じ，流水に接する金属面を**壊食**したり，**振動**や**騒音**を発生させ，効率を低下させる。キャビテーションの発生を防止するためには水車の**比速度**を大きくとりすぎないことと，**部分負荷運転**を避けることなどがある。 キャビテーションはフランシス水車などの**反動水車**に発生する。

3．タービン発電機

タービン発電機では高温，高圧の蒸気エネルギーを効率よく変換させるために 50 Hz 系で 3000 min^{-1}（原子力では 1500 min^{-1}），60 Hz 系で 3600 min^{-1}（原子力では 1800 min^{-1}）の回転速度が採用される。このためタービン発電機の回

転子の構造は遠心力に対する強度の点から**円筒形**が採用される。タービン発電機は高速機なので遠心力を極力減少させるため回転子半径は小さく，軸方向に長い形状をしており，**横軸型**に設置される。また，タービン発電機は軸長が長くなるので，定格回転速度より低いところに臨界速度があるため，始動停止の際にすみやかにその臨界速度を通過しないと共振を起こして危険になる。

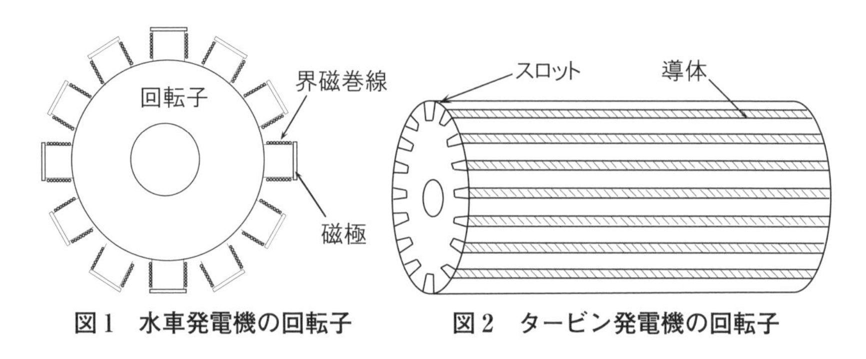

図1　水車発電機の回転子　　**図2　タービン発電機の回転子**

4. 同期発電電動機

揚水発電所の形式は，発電用の水車と発電機及び揚水用のポンプと電動機が別々に設置されている**別置式**，発電用の水車と揚水用のポンプ及び発電機と電動機を同一機械とした発電電動機が同軸に接続されている**直結式**，水車とポンプを同一機械としたポンプ水車と発電電動機による**可逆式**に分けることができる。**同期発電電動機**は**可逆式**に採用される。発電機と電動機の構造は同じであり，別置式と直結式ではポンプと水車は別になっているので可逆式のみポンプ運転時と水車運転時の回転方向が異なってくる。そのため，発電電動機の回転を逆にするには相回転を逆にする装置が必要であり，回転子の冷却を正逆回転時とも同じようにするために冷却ファンをラジアル構造にしたり，別に冷却装置を設ける。また，始動時におけるスラスト軸受けの摩擦を軽減するために回転子を押し上げる装置などが必要となる。発電電動機の容量は揚水時の電動機としての容量が大きくなるが，できるだけ発電時と揚水時の入出力の比が1に近づくようにする。

5. 同期発電機の並列運転の条件

複数台の同期発電機を並列運転する場合には発電機には次のような条件が必要である。

① 起電力の大きさが等しいこと。　② 起電力の位相が同位相であること。
③ 起電力の周波数が等しいこと。　④ 起電力の波形が等しいこと。

6．電線関連その1

【重要問題23】

電気工事に関する次の用語の**技術的な内容**を具体的に**2つ**記述しなさい。ただし，技術的な内容とは，施工上の留意点，選定上の留意点，定義，動作原理，発生原理，目的，用途，方式，方法，特徴，対策などをいう。

1．油入（OF）ケーブル　2．CVケーブル
3．CVTケーブル　4．CVケーブルの絶縁劣化原因
5．CVケーブルの絶縁診断法

解答

1．油入（OF）ケーブル

ソリッドケーブルは，使用中鉛被の膨張のため，絶縁体中に**ボイド**を生じ，劣化の主要原因となる。これを防止するため，ケーブル内に**絶縁油**を**大気圧以上**の圧力で充満密封する方式のものを**OFケーブル**という。OFケーブルは，圧力形ケーブルの代表的なもので，66kV級以上の高電圧ケーブルとして広く使用されている。このケーブルの特徴は，ソリッド形ケーブルの欠点とされている絶縁体内のボイドの発生を防止できることにある。

2．CVケーブル

CVケーブルは，OFケーブルと**異なり絶縁油を使用していない**ため，軽量で，**誘電体損失**が少なく，かつ，保守・点検の省力化が図れるなどの特徴を生かして普及している。CVケーブルの構造は，導体が銅又はアルミニウムの円形圧縮のより線で，絶縁は架橋ポリエチレンを用いている。導体と絶縁体との間及び絶縁体と金属遮へい層の間には半導電層を設け，その外側の金属遮へい層には銅テープなどを用い，シースはビニルを使用している。また，金属遮へい層は地絡電流帰路としても十分な容量を有するように配慮している。CVケーブルの欠点としては絶縁体内に**ボイド**や**異物**などが存在すると**トリー**などが発生し**絶縁破壊**を生じるので，ケーブル製造において特別の注意を要する。

3. CVT ケーブル

トリプレックス形 CV ケーブル（CVT）は，単心 CV ケーブルを 3 条より合わせたもので，3 心共通シース CV ケーブルに比べて，**熱抵抗が小さく，電流容量が大きい**，ケーブル重量が軽い，曲げやすく端末処理が容易であるなどの長所を有する。

4. CV ケーブルの絶縁劣化原因

① **電気的劣化**

製造中に絶縁物にボイドや異物が混入したり，工事中に発生するクラックなどに電界が集中してコロナ放電が生じる。

② **化学的劣化**

化学薬品やオゾンなどが絶縁物を透過して導体材料と化学反応を起こし，その成生物が絶縁物に混入して化学トリー現象などを生じる。

③ **熱的劣化**

高温になると絶縁物が酸素や水蒸気と反応して劣化する。

④ **吸水劣化**

絶縁物中の水分や外部から侵入してきた水分により，絶縁抵抗の低下や水トリーが発生して絶縁強度が低下する。

⑤ **機械的劣化**

敷設時の無理な曲げや重量物の落下などによる損傷により，損傷部の浸水やコロナ発生により劣化が進行する。

5. CV ケーブルの絶縁診断法

① **直流高圧法**

ケーブルのシースと導体間に**直流高圧**を印加して，**吸収電流**を測定することにより，成極比，弱点比などから絶縁物の状態を診断する。

② **部分放電測定法**

ケーブルに高電圧を印加すると絶縁物内に**ボイド**や**クラック**がある場合，電圧が変化するので，その部分で**部分放電**を生じるとわずかではあるが印加電圧が変化するので，この変化から診断する。

③ **誘電正接測定法（tan δ 計）**

高圧シェーリングブリッジなどを用いて，ケーブルの絶縁物の**誘電正接の温度特性**，電圧特性などを測定して絶縁物の状態を判定する。

7．電線関連その２

【重要問題24】

電気工事に関する次の用語の**技術的な内容**を具体的に**２つ**記述しなさい。ただし，技術的な内容とは，施工上の留意点，選定上の留意点，定義，動作原理，発生原理，目的，用途，方式，方法，特徴，対策などをいう。

1．電線の許容電流
2．ACSR
3．TACSR
4．光ファイバ複合架空電線（OPGW）
5．高圧ケーブルのストレスコーン

解答

1．電線の許容電流

絶縁電線に施してある絶縁物は，電線に電流が流れて発生する電線の抵抗損による温度上昇により，絶縁性能が低下していく。このため，電線には流してよい電流の最高値となる，許容電流が電線の太さごとに定められている。単線1.6 mmの600 Vビニル絶縁電線の周囲温度が30度以下の場合の許容電流は27〔A〕である。絶縁電線を金属管などの電線管に収めて使用すると，電線から発熱した熱が管により放熱が困難となる。そこで，使用する電線の数に応じて定まる電流減少係数に応じて，その電線の許容電流の大きさを減少させなければならない。同一管内の電線数が3以下の場合には1本の場合の0.7倍となる。

2．ACSR

導電率60％のアルミニウムを使用した，**鋼心アルミより線**（ACSR）は鋼線に機械的強度を負担させ，電流は表皮効果を利用してアルミ部分に流すようにしている。架空送電線路により線を使う理由は可とう度を増大させるためである。ACSRや鋼銅より線の連続最高許容温度も90℃に定められている。ACSRを一般の硬銅より線（HDCC）と比べると次のようになる。

① 硬銅より線よりもアルミを使用している分，**重量が軽く**なる。しかし，

導電率が低い。

② 硬銅より線に比べ鋼線を使用しているので**機械的強度**（引張荷重）が**大きい**ので長径間の送電線路に用いられる。

③ 機械的強度が大きいので硬銅より線より，**たるみを小さく**して使用できる。

④ 銅よりアルミの方が単価が安いので硬銅より線を採用するより，一般に建設費が安い。

⑤ 硬銅より線より外径が大きくなるので，**風圧荷重**が**大きく**なる。

⑥ **コロナ**が発生しにくい。

⑦ 単位長当たりインダクタンスは減少し，キャパシタンスは増大し，**コロナ損**は**減少**する。

⑧ 表面がアルミなので傷がつきやすいので注意が必要。

3. TACSR

鋼心耐熱アルミ合金より線（TACSR）は，**鋼心耐熱アルミより線**（ACSR）のアルミの部分を**耐熱アルミ合金**に置き換えたもので，より耐熱性にすぐれている。TACSR は ACSR に比べて許容電流が 40～60% 程度大きく出来るので大容量の送電線路に適している。

4. 光ファイバ複合架空電線（OPGW）

OPGW（Composite Fiber-Optic-Ground-Wire）は光ファイバを送電線の架空地線に内蔵させたものである。OPGW に用いる光ファイバは素材がガラスであり，伝送路自体としての損失が少なく，電力回路からの誘導を受けないなどの特徴を有するため，長距離，大容量の通信伝送路に適している。電力系統における高品質・高信頼性の情報伝送路として適用が拡大されている。

5. 高圧ケーブルのストレスコーン

CV ケーブルの端末処理において，端末部に差し込む**ストレスコーン**が無いと，**ケールブ端部**において，**電気力線が集中**してしまいこの部分の**絶縁**が破壊されてしまう場合がある。これを防止するために，**ケーブル端末部**にストレスコーンを差し込むと，しゃへい層端における**電気力線の集中**が**緩和**され，ケーブル端の金属しゃへい層切断面の絶縁物に対する**電位傾度が和らげられる**ため，**絶縁破壊**などが生じない。

8．電線関連その３

【重要問題 25】

電気工事に関する次の用語の**技術的な内容**を具体的に**２つ**記述しなさい。ただし，技術的な内容とは，施工上の留意点，選定上の留意点，定義，動作原理，発生原理，目的，用途，方式，方法，特徴，対策などをいう。

1．合成樹脂製可とう電線管（PF 管・CD 管）
2．EM（エコ）電線
3．耐火電線
4．屋内配線用ユニットケーブル
5．波付硬質合成樹脂管（FEP）

解答

1．合成樹脂製可とう電線管（PF 管・CD 管）

合成樹脂管には，可とう性を持たない**合成樹脂製電線管**（硬質塩化ビニル電線管）と可とう性を持った**合成樹脂製可とう電線管**がある。合成樹脂製可とう電線管には，**PF 管**（合成樹脂製可とう管）と **CD 管**がある。PF 管は**耐燃性**（自己消火性）であるが，CD 管は**非耐燃性**（自己消火性なし）である。CD 管は**オレンジ色**で識別している。PF 管及び CD 管は，合成樹脂管とは異なり**曲げ加工**を**必要**としないので**施工が容易**になる特徴がある。施工箇所は，PF 管はコンクリート直接埋込用及び露出配線用，CD 管は自己消化性がないのでコンクリート直接埋込用として用いられる。合成樹脂管工事の施工は「電気設備の技術基準とその解釈」により次のように定められている。

(a) 管の厚さは，原則として２mm 以上とすること。
(b) 管の支持点間の距離は 1.5 m 以下とすること。
(c) 合成樹脂製可とう管相互，CD 管相互及び合成樹脂製可とう管と CD 管とは，直接接続しないこと。

第４章 電気工事に関する用語

施工場所	絶縁電線		ケーブル配管	
	PF 管	CD 管	PF 管	CD 管
コンクリート埋設	○	○	○	○
屋内（露出，いんぺい）	○	×	○	△
屋外（雨線内，雨線外）	○	×	○	△

○：使用可，×：使用不可，△：自己消火性である PF 管の使用が望ましい。

2. EM（エコ）電線

環境にやさしいエコ電線・ケーブルの特徴は，「**ハロゲンを含まない**」，「**鉛を含まない**」，「**環境ホルモンを含まない**」，「**リサイクルが可能**」，「**燃焼時に有毒ガスを発生しない**」等の特性を有している。一般的には次の 3 つの特性を有している製品が，EM 電線・ケーブルの名称で，JCS（日本電線工業会規格）に規格化されている。

(a) 塩素等の**ハロゲンが含まれない**ため，焼却しても有害物質を発生しない。

(b) **低発煙性**で火災時に視野が確保でき，**有毒ガス**の発生もない。

(c) **鉛を含まない**ため，埋設しても鉛流出の恐れがない。

3. 耐火電線

消防法の規定に基づき認定された電線で，30 分間で 840℃ に達する火災温度曲線で加熱されても耐える性能を持ち，非常電源の回路等に使用される電線である。露出配線に限って使用できるもの（FP）と，露出配線および電線管内，ダクト内等の密閉配線の両方に使うもの（FP－C）と 2 種類がある。導体上に高温においても絶縁性に優れたマイカテープが使用されており，その上には，一般ケーブルと同様の絶縁体が施されている。

4. 屋内配線用ユニットケーブル

ユニットケーブルは従来工事現場で行われてきたケーブルのジョイントボックス等での結線を工場で行うもので，「**幹線ユニット**」，「**室内配線ユニット**」及び「**情報配線ユニット**」がある。ユニットケーブルによる工事では，**工事の品質の向上**，**工期の短縮化**，**省力化**が計られているが，ケーブルの施設には細心の注意が必要となる。現場では，ケーブルの配線と機器へのつなぎ込みだけなので，工期短縮・工数削減ができる。また，モールド部が透明で，結線内容が確認できる。

5. 波付硬質合成樹脂管（FEP）

波付硬質合成樹脂管は，**波付構造**により，**偏平圧縮強度**が高い，適度の**可とう性**を持つ，すぐれた**作業性**などの特性と**経済性**を兼ねそなえている。**可とう性**にすぐれ**軽量**で**長尺**であるので，埋設する**ケーブルの保護用**に用いられる。また，延線時の通線が容易となる。

9．電線関連その４

【重要問題 26】

電気工事に関する次の用語の**技術的な内容**を具体的に**２つ**記述しなさい。ただし，技術的な内容とは，施工上の留意点，選定上の留意点，定義，動作原理，発生原理，目的，用途，方式，方法，特徴，対策などをいう。

1．ライティングダクト
2．金属製可とう電線管
3．バスダクト
4．金属管工事におけるボンド

解答

1．ライティングダクト

天井に設置するレール上の器具で，対応した**照明器具を自由な位置**に配置することができる便利な器具である。1室多灯を手軽に実現でき，またリモコンなどを使えば1灯1灯のON／OFFを細かく切替えたり，調光することができる等，部屋の光を細かく調整することができる。ライティングダクトは様々な名称で呼ばれているが，規格自体は統一されている。

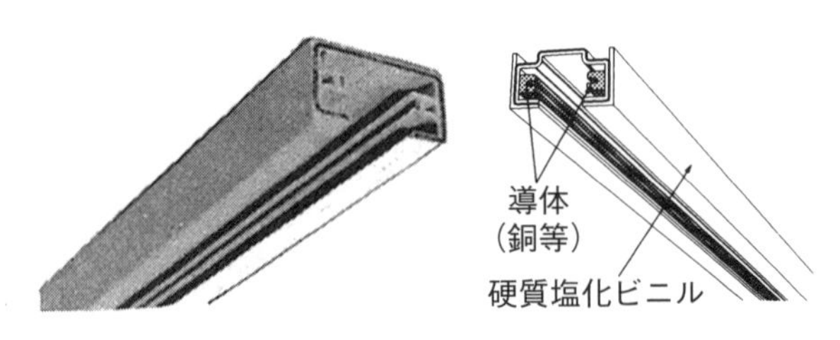

図1　ライティングダクト

2．金属製可とう電線管

金属製可とう電線管には，一種金属製可とう電線管（フレキシブルコンジット）と二種金属製可とう電線管（プリカチューブ）の２種類がある。一種金属製可とう電線管は乾燥した露出場所や点検できる隠ぺい場所の使用に限られる。二種金属製可とう電線管はほぼ金属管と同様な場所の工事を行うことが出来る。可とう電線管工事の施工は「電気設備の技術基準とその解釈」により次のように定められている。

① **可とう電線管**は，原則として**二種金属製可とう電線管**であること。

② 二種金属製可とう電線管を使用する場合において，湿気の多い場所又は水気のある場所に施設するときは，防湿装置を施すこと。

③ 低圧屋内配線の使用電圧が **300 V** 以下の場合は，管には，D 種接地工事を施すこと。ただし管の長さが **4 m** 以下のものを施設する場合は省略できる。

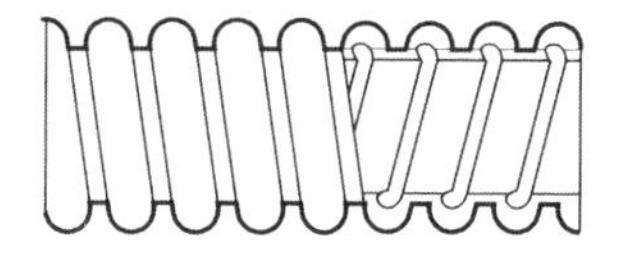

図 2　一種金属製可とう電線管

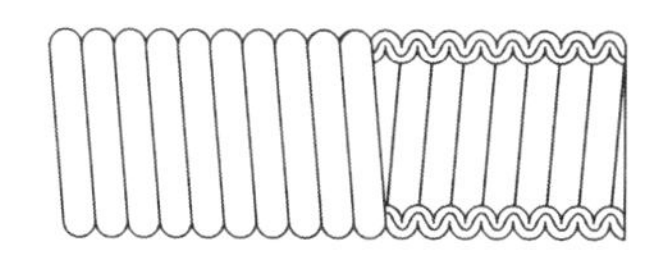

図 3　二種金属製可とう電線管

3. バスダクト

バスダクトは，銅やアルミニウムの帯状導体を絶縁物で被覆するか，帯状導体を絶縁物で支持し，鉄あるいはアルミニウム板で製作された箱状のケースで納めたものである。バスダクトは耐火性及び耐震性にすぐれ，ケーブルに比べて電磁波の発生が少ない。接続部分にプラグイン機能を装備すれば負荷の増設や移設が簡単に行うことができる。バスダクトの施設は次のように行う。

① ダクトを造営材に取り付ける場合は，ダクトの支持点間の距離を原則として 3 m 以下とし，かつ，堅ろうに取り付けること。

② 低圧屋内配線の使用電圧が 300 V 以下の場合は，ダクトには，D 種接地工事を施すこと。

③ 低圧屋内配線の使用電圧が 300 V を超える場合は，ダクトには，C 種接地工事を施すこと。ただし，接触防護措置を施す場合は，D 種接地工事によることができる。

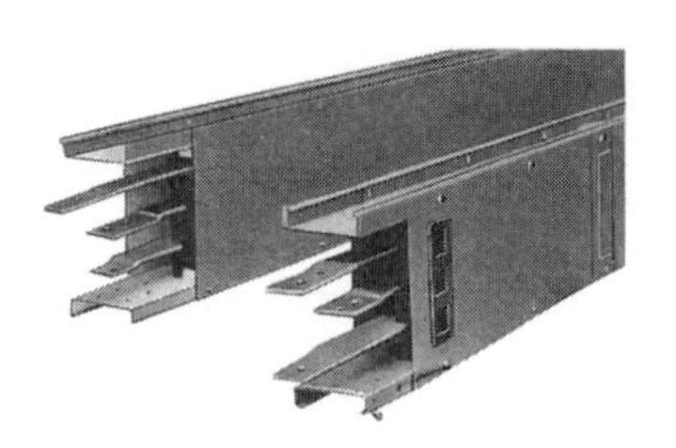

図4　バスダクト

4．金属管工事におけるボンド

金属管工事において**非導電部分**が生じないようにするもので，かりに金属管に接続されるボックス等に漏電が生じた場合でも確実に漏電電流を接地工事が施されている地点まで通じて，**漏電遮断器**の動作を確実にするために施される。ボンド線に用いられる電線は通常裸銅線で，導線の太さはその回線を保護している過電流遮断器の容量により定められる。

10. 変電所関連その1

【重要問題 27】

電気工事に関する次の用語の**技術的な内容**を具体的に**2つ**記述しなさい。ただし，技術的な内容とは，施工上の留意点，選定上の留意点，定義，動作原理，発生原理，目的，用途，方式，方法，特徴，対策などをいう。

1. SF_6 ガス遮断器
2. 真空遮断器
3. 遮断器の定格遮断電流
4. ガス絶縁開閉装置（GIS）
5. 高圧交流負荷開閉器
6. 高圧限流ヒューズ

解答

1. SF_6 ガス遮断器

SF_6 ガス遮断器は，強力な**消弧作用**と高い**絶縁耐力**を持っている SF_6 ガスを使用した遮断器で，遮断器を小型にできる。空気遮断器のように外部にガスを出さないので**騒音も小さく**なる。十分な性能を維持するためにはガス中の塵埃や**水分の管理**に注意しなければならない。定格電流，遮断電流ともに空気遮断器と同程度であり，パッファ形（単圧形）遮断器は，構造が簡単で信頼性が高く，火災の心配が無く保守が容易となる。適用範囲は，66 kV～500 kV程度。

2. 真空遮断器

真空遮断器は，**高真空**の**絶縁性とイオン拡散**による**消弧作用**を利用したもので，小型軽量で操作力が小さく，火災の心配が無く保守が容易である。真空遮断器を**油入遮断器**と比較すると次のようになる。

① 遮断時に**異常電圧**が発生し易い。

② **火災**の心配がない。

③　電気的開閉寿命が長い。

④　装置全体が小形軽量である。

3. 遮断器の定格遮断電流

遮断器の定格遮断電流は，回路状態がすべて定格および規定の状態において，遮断器が規定の**標準動作責務**と動作状態に従い遮断することのできる遅れ力率の遮断電流の限度をいう。標準動作責務は，Oを遮断動作，COを投入動作にひきつづき時間をおかず遮断動作を行うものとすると次のようになる。

一般用遮断器；O－(1分)－CO－(3分)－CO

4. ガス絶縁開閉装置（GIS）

ガス絶縁開閉装置（GIS）は，従来の空気絶縁に代わり，絶縁油に匹敵する絶縁耐力を持つ**SF_6ガス**により絶縁され，母線・断路器・遮断器・CT・避雷器などの使用機器をすべて金属容器中に密閉し，SF_6ガスを数気圧の圧力で封入した方式であり，以下のような特徴を持つ。

①　充電部分が接地された密閉容器内にあるので**感電**の心配がなく，また，外部との接触がないので内部の絶縁物などが**汚損**されない。

②　SF_6ガスは物理的，化学的に安定であり，また不燃性であるので**火災**の心配がない。

③　密閉化されているので運転操作時の**騒音**が小さく，保守点検頻度が少なくなる。

④　電気的にシールドされているので**誘導障害**を生じない。

⑤　SF_6ガスの圧力や純度の管理は重要であり，また，**水分**が混入すると絶縁低下や化学反応を起こすので混入させないようにしなければならない。

5. 高圧交流負荷開閉器

負荷開閉器は**負荷電流**の開閉は行うことができるが，**短絡電流**や故障電流の遮断は行うことができない。定格電流の開閉や変圧器のループ電流の開閉などを行うことができる。高圧交流負荷開閉器には，高圧開閉器，高圧気中開閉器，PAS などがある。

6. 高圧限流ヒューズ

高圧限流ヒューズは主に**短絡電流**の保護用に用いられる。非限流形ヒューズと限流形ヒューズを比較すると次のようになる。

① 小形で遮断容量が大きい。
② 限流効果が大きい。
③ 遮断時にアークガスの放出がない。
④ 小電流遮断性能が悪い。

高圧限流ヒューズは**小電流遮断性能**が悪いので，最小遮断電流を明示しなければならない。これにより，最小遮断電流以下の電流は他の方法を用いて保護する必要がある。

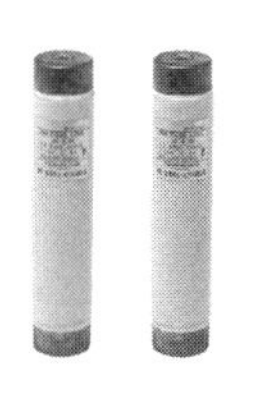

11. 変電所関連その2

【重要問題28】

電気工事に関する次の用語の**技術的な内容**を具体的に**2つ**記述しなさい。ただし，技術的な内容とは，施工上の留意点，選定上の留意点，定義，動作原理，発生原理，目的，用途，方式，方法，特徴，対策などをいう。

1. 断路器
2. 高圧スイッチギア
3. 力率改善
4. 変電所の調相設備
5. 直列リアクトル
6. 分路リアクトル
7. 静止形無効電力補償装置（SVC）

解答

1．断路器

断路器は電気設備の**点検時**など，回路を遮断するために設けられるので，断路器は**負荷電流**の開閉は行うことができず，**無負荷**又は変圧器の充電電流程度の小電流の電路の開閉を行うことができる。断路器の操作を行うときは電流の有無を確かめてから操作しなければならない。

2．高圧スイッチギア

高圧スイッチギアは，工場，ビルなどの保護・開閉制御用配電設備で，真空遮断器などの開閉装置ならびに開閉器と操作・測定・保護などの装置とを組み合わせて**高圧充電部**を**確実**に**遮蔽**し，安全と高信頼性を確保した機器をいう。

3．力率改善

力率が悪いと変圧器の容量に対して有効電力が有効に供給できなかったり，**電圧降下**の増大及び**線路損失**の増加などの悪影響が生じる。変圧器の容量を変えないで無効電力を減少させて有効電力を増加させる場合や線路損失の低減及び線路の電圧降下の低減を計るには変圧器に対して**並列**に高圧用電力コンデンサを接続する。また，負荷に電動機が多数接続されている場合には低圧用電力コンデンサを電動機と並列に接続するのも力率改善には有効である。

4. 変電所の調相設備

電力系統の電圧調整は負荷時タップ切換変圧器および発電機の励磁電流を変化させるなど直接電圧を調整する方法と，同期調相機，電力コンデンサ，分路リアクトル及び静止形無効電力補償装置（SVC）などの無効電力を調整する方法に分けられる。無効電力を調整する設備を調相設備という。

5. 直列リアクトル

電流に**高調波成分**を含んでいる場合，コンデンサに過電流が流れて**コンデンサを焼損**させたりする。そこで電力コンデンサに対して**直列**に直列リアクトルを接続して高調波による影響を防止する。通常直列リアクトルには，コンデンサリアクタンスの**6%**程度のリアクタンス値をもたせ，**第5調波以上**の高調波に対して合成リアクタンスを誘導性にして，コンデンサによる波形ひずみの拡大を防止する。なお，**第3調波**に対しては変圧器が△結線されていれば**巻線内を環流**するので考慮する必要がない。

6. 分路リアクトル

分路リアクトルは電力コンデンサと同じように電路に対して並列に接続し，電力用コンデンサとは反対に遅相容量のみを供給する設備である。近年，ケーブル系統の増大に伴い，その線路の充電電流のため深夜軽負荷時に受電端電圧が**フェランチ効果**により上昇することがある。この対策として，変電所に分路リアクトルによる遅相電流により進相電流を打ち消して，**電圧上昇を抑制**する。

7. 静止形無効電力補償装置（SVC）

リアクトルとコンデンサを電力系統に並列に接続し，リアクトル又はコンデンサに流れる電流を半導体スイッチによって連続的に変化させることにより，無効電力を遅相から進相まで連続的に調整する。保守は比較的容易で電圧調整制御は連続的であり，かつ，高速である。しかし，設備コストは比較的高価で高調波対策が必要である。

12. 変電所関連その3

【重要問題 29】

電気工事に関する次の用語の**技術的な内容**を具体的に**2つ**記述しなさい。ただし，技術的な内容とは，施工上の留意点，選定上の留意点，定義，動作原理，発生原理，目的，用途，方式，方法，特徴，対策などをいう。

1. 変電設備の避雷器
2. 高圧カットアウト
3. 電磁接触器
4. 漏電遮断器
5. 配線用遮断器（MCCB）
6. 耐熱形配電盤

解答

1．変電設備の避雷器

電力系統に発生する**異常電圧**には，外部からくる**雷サージ**と内部事故や負荷遮断による商用周波数のいわゆる**内雷**とがある。このような持続性異常電圧が端子にかかっている状態で，襲来した雷サージを放電し，続流を完全に遮断して系統を現状に復帰させることのできる保護機器が避雷器である。

避雷器とはJISにおいて，「雷及び回路の開閉などに起因する衝撃過電圧に伴う電流を，大地へ分流することによって過電圧を制限して電気設備の絶縁を保護し，かつ続流を短時間に遮断して，電路の正規状態を乱すことなく，現状に自復する機能を持つ装置」と定義されている。避雷器は衝撃波が襲来すると放電して過電圧による電流を大地に分流して，保護する機器の絶縁体力よりも小さい電圧に避雷器端子間を保つ。これを制限電圧といい，通常波高値で示す。また，避雷器には，放電現象が終了した後，引き続き電力系統から供給される続流（電流）を短時間のうちに遮断する能力が必要とされる。

2. 高圧カットアウト

高圧カットアウト（PC）は，箱形カットアウトと円筒形カットアウトの2種類が有り高圧磁器で構成されている。変圧器やコンデンサの開閉と保護用に使用される。高圧カットアウトは変圧器で300〔kV・A〕，コンデンサで50〔kvar〕の容量まで使用できる。

3. 電磁接触器

電磁接触器は，**接点部分**を**電磁力**を利用して開閉するものであり，一般に**シーケンス回路**に組み込まれて使用される。電磁接触には高圧用と低圧用がある。用途としては，電動機の始動や停止のように煩雑に負荷電流の流れた回路を開閉する場合に用いられる。使用する負荷や用途によって適切なものを選定しなければならない。

4. 漏電遮断器

電路に**地絡**が生じたときに自動的に動作して電路を遮断するものである。種類には，地絡保護，地絡過電流保護及び地絡過電流短絡保護がある。使用目的としては，感電の防止及び電気火災の防止などが上げられる。

5. 配線用遮断器（MCCB）

配線用遮断器は，負荷側に**短絡事故**などの異常電流が流れた場合自動的に回路を遮断して，負荷や電線の損傷を防止するために設置される過電流遮断器である。「電気設備技術基準その解釈」により，配線用遮断器は定格電流の1.1倍の電流では動作しないことが求められており，定格電流の大きさにより1.6倍の電流が流れたときと**2倍**の電流が流れたときの**遮断動作時間**が定められている。

6. 耐熱形配電盤

低圧で受電する**非常電源専用受電設備**の耐熱型配電盤又は分電盤は，消防庁長官が定める基準に適合する第一種配電盤又は第一種分電盤を用いることが消防法施行規則により定められている。ただし，不燃材料で造られた壁，柱，床及び天井などは第一種配電盤又は第一種分電盤以外の配電盤又は分電盤を用いることができる。また，不燃材料で区画された変電設備室，機械室に設ける場合には，消防庁長官が定める基準に適合する第二種配電盤又は第二種分電盤を用いることができる。

13. 継電器・各種試験関連その1

【重要問題30】

電気工事に関する次の用語の**技術的な内容**を具体的に**2つ**記述しなさい。ただし，技術的な内容とは，施工上の留意点，選定上の留意点，定義，動作原理，発生原理，目的，用途，方式，方法，特徴，対策などをいう。

1. 零相変流器（ZCT）
2. 過電流継電器
3. 地絡過電流継電器（地絡継電器）
4. 地絡方向継電器
5. 比率差動継電器
6. 不足電圧継電器
7. 過電流継電器（OCR）の動作試験

解答

1. 零相変流器（ZCT）

零相変流器は**地絡故障時**に流れる**零相電流**を検出するものである。零相電流を検出するためには，単相，三相など1回線の**総ての電線やケーブル**を零相変流器の穴の中をくぐらせる。

2. 過電流継電器

配電線や変圧器などに過電流や短絡電流が流れたとき，**変流器**（CT）と過電流継電器（OCR）を組み合わせて**遮断器を動作**させる。動作原理により，誘導円盤形，トランジスタ形があり，過電流継電器の動作特性として，定限時特性，反限時特性及び反限時定限時特性等がある。

3. 地絡過電流継電器（地絡継電器）

配電線や受電設備は一般に非接地方式なので地絡故障が発生した場合の地絡電流が小さいので検出が難しくなる。そこで，地絡過電流継電器（GR）と**零相変流器（ZCT）**を電路に設置して地絡故障が発生した場合，零相変流器に流れる零相電流を過電流地絡継電器により検出して遮断器を動作させる。

4. 地絡方向継電器

高圧電路に地絡が生じると零相変流器に零相電流が流れて，地絡過電流継電器を動作させる。しかし，需要家構内のケーブルが長く電路の対地静電容量が大きい場合には電源側の地絡故障により，需要家の地絡継電器が**不要動作**する危険がある。そこで，需要家に設置した接地用コンデンサにより検出した**零相電圧との位相関係**により地絡方向継電器（GDR）を動作させるようにして，もらい事故を防止する。

5. 比率差動継電器

発電機や変圧器の内部故障の保護用として，巻線の短絡など故障時に変圧器の一次と二次両側の**電流の比が変化**することを利用して動作・保護するものである。比率差動継電器は，CT，動作コイル及び抑制コイルから構成され，変圧器の一次端子，二次端子から流入する電流の総和 I が零かどうかで変圧器内部の短絡事故を検出するものである。電源投入時の突入電流では動作しないようになっており，**内部故障**があると差の電流 I が大きくなり**継電器**を動作させる。

6. 不足電圧継電器

不足電圧継電器は，**停電時**などに回路の電圧が，規定電圧よりも低下したことを検出して動作する継電器である。停電時に使用される非常照明用の回路を常用回路から自動的に切り替える場合などに使用される。

7. 過電流継電器（OCR）の動作試験

過電流継電器の単体試験は，次の項目について行う。

① **限時要素動作電流特性試験**

動作電流整定値に対して，過電流継電器が動作する**電流を測定**する。許容誤差は整定値の±10% 以内であること。

② **限時要素動作時間特性試験**

動作電流整定値の 300% と 700% の電流を流し，OCR が動作するまでの**時間を測定**する。300% の場合の許容誤差は整定値の±17% 以内であること。

③ **瞬時要素動作電流特性試験**

瞬時要素電流整定値に対して試験電流を流し，OCR が動作するまでの**電流を測定**する。許容誤差は整定値の±15% 以内であること。

14. 継電器・各種試験関連その2

【重要問題31】

電気工事に関する次の用語の**技術的な内容**を具体的に**2つ**記述しなさい。ただし，技術的な内容とは，施工上の留意点，選定上の留意点，定義，動作原理，発生原理，目的，用途，方式，方法，特徴，対策などをいう。

1. 接地抵抗試験
2. 絶縁耐力試験
3. ケーブルの絶縁劣化測定法

解答

1．接地抵抗試験

電位降下法による接地抵抗測定は図1に示すように電極を配置する。交流電源は商用周波数以外の周波数を使用する。**電流電極**は被測定電極に対してできるだけ**遠くへ**打ち込み，**電圧電極**は**両電極の中間**に打ち込むようにする。電位電極および電流電極の接地抵抗値は，一般に測定値に影響を与えない。電流電極に流れる電流が多くても少なくても測定誤差が生じるので，5～20 A程度とする。接地抵抗は電圧計の読みVを電流計の読みAで除したもので与えられる。図2に示す直読式接地抵抗計（アーステスタ）による接地抵抗測定法は，測定する接地極に対して図3のように**2本の補助接地棒**（極）が**1直線**になるように接続して測定する。

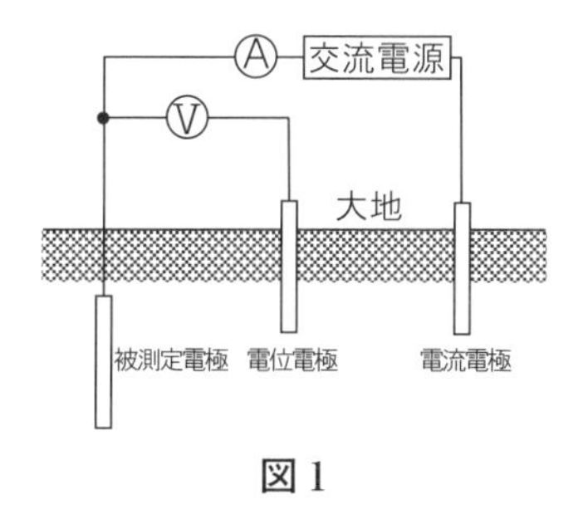

図1

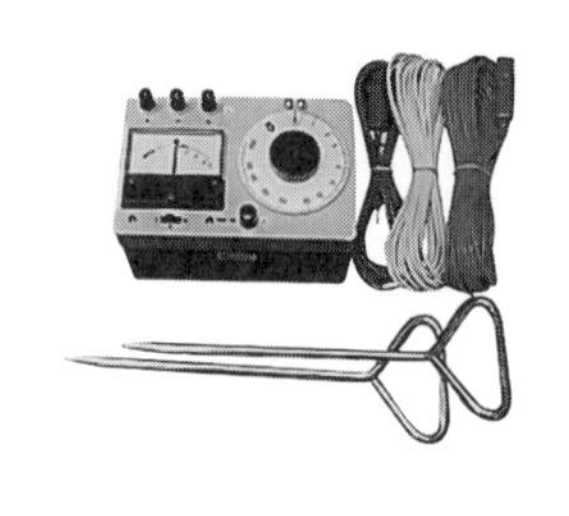

図 2

E P C

接地抵抗計

|←10 m 以上→|←10 m 以上→|

補助接地極　補助接地極　接地極

図 3

2. 絶縁耐力試験

電路の試験は試験電圧を電路と大地との間，変圧器の試験では試験される巻線と他の巻線，鉄心に及び外箱との間に試験電圧を連続して10分間加えて絶縁耐力を試験したとき，これに耐えることになっている。最大使用電圧が7,000 V 以下の場合に交流による試験電圧は，最大使用電圧の 1.5 倍と定められている。高電圧を使用する試験なので，安全に関しては十分注意して試験を行わなければならない。試験前の絶縁抵抗と試験後の絶縁抵抗に変化がないことを確認する。

3. ケーブルの絶縁劣化測定法

① 直流高圧法

ケーブルのシースと導体間に直流高圧を印加して，この時の電流の大きさ，特性曲線の形状等から絶縁状態を推定するものである。

② 部分放電法

ケーブルに高電圧を印加すると絶縁物内にボイドやクラックがある場合，電圧が変化するので，その部分で部分放電を生じるとわずかではあるが印加電圧が変化するので，この変化から診断する。

③ 誘電正接法

高圧シェーリングブリッジなどを用いて，ケーブルの絶縁物の誘電正接の温度特性，電圧特性などを測定して絶縁物の状態を判定する。

④ 直流分法

ケーブルを充電してフィルタにより直流分を検出して，直流分の大きさ，変動範囲，歩行などを測定し絶縁状態を判断するものである。

15. 継電器・各種試験関連その3

【重要問題 32】

電気工事に関する次の用語の**技術的な内容**を具体的に**2つ**記述しなさい。ただし，技術的な内容とは，施工上の留意点，選定上の留意点，定義，動作原理，発生原理，目的，用途，方式，方法，特徴，対策などをいう。

1. 変圧器の温度上昇試験
2. 絶縁抵抗試験

解答

1. 変圧器の温度上昇試験

温度上昇試験は，変圧器に定められた負荷をかけた場合の変圧器の温度が規定の温度以下になっているかを確認するものである。試験方法には，実負荷法，返還負荷法及び等価負荷法等がある。

① **実負荷法**

実負荷法は水抵抗器などにより**実際に負荷**をかけて変圧器の温度上昇を測定するものである。

② **返還負荷法**

返還負荷法は2台の変圧器を並列接続して**一次側から鉄損**を，二次側に接続した補助変圧器から**銅損**を供給するものである。鉄損と銅損とを供給するのみで温度上昇試験を行うことができる。

③ **等価負荷法**

返還負荷法は一次又は二次の一方の巻線を**短絡**して，他方の巻線から銅損を供給するものである。

2. 絶縁抵抗試験

使用電圧が低圧の電路の電線相互間及び電路と大地との間の絶縁抵抗は次の表1のように定められている。

表1

電路の使用電圧の区分	絶縁抵抗値
対地電圧が150V以下の場合	0.1MΩ
150Vを超えて300V以下の場合	0.2MΩ
300Vを超えて600V以下の場合	0.4MΩ

一般に絶縁抵抗の測定には図1の絶縁抵抗計を用いる。低圧の電路の測定に使用する絶縁抵抗計の定格電圧は500V，有効測定範囲100MΩ程度が適当である。電路の絶縁抵抗を測定する場合には図のように測定する。また，表の値は最低限度の値なので，新築における試験での値が表の値に近いようであれば，異常を疑ってみる必要がある。

① 線路と大地との絶縁抵抗を測定する方法

図2のように，絶縁抵抗計のL端子（ライン端子）を線路に，E端子接地端子（アース端子）を線路の接地側に接続する。

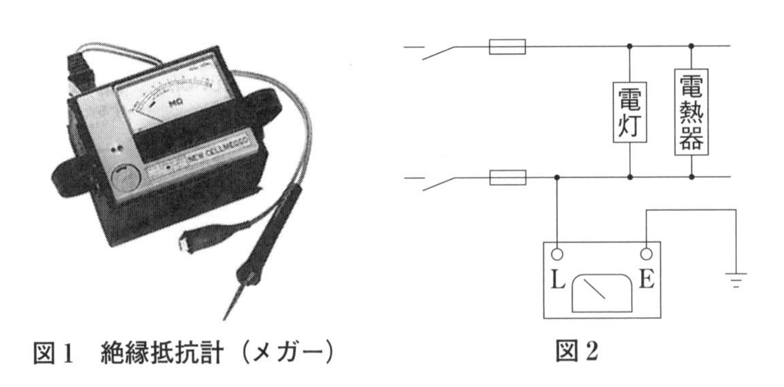

図1 絶縁抵抗計（メガー）　　図2

② 機器と大地との絶縁抵抗を測定する方法

図3のように，絶縁抵抗計のL端子を機器の導線に，E端子を機器の接地側に接続する。機器の導線はすべて束ねてL端子に接続して，測定する場合がある。

③ 電線相互間の絶縁抵抗を測定する方法

電線相互間の絶縁抵抗は図4のように，電球や負荷の機器類を配線から分離し，開閉器や点滅器類は「入」の状態にして測定する。

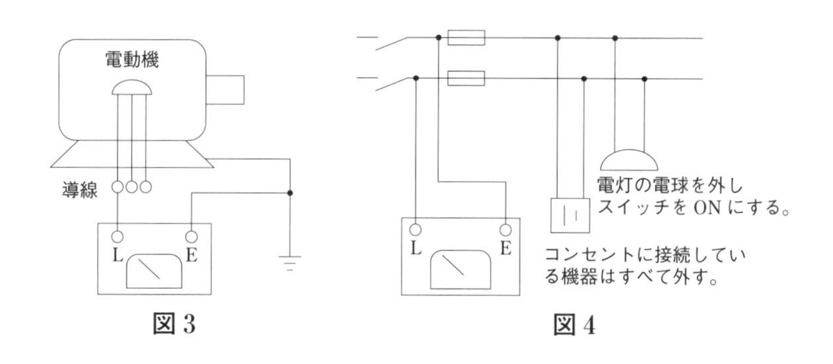
電動機
導線
L
E
L
E
電灯の電球を外し
スイッチを ON にする。
コンセントに接続している機器はすべて外す。

図 3　　図 4

ヤッター！
合格

16. 照明関連その 1

【重要問題 33】

電気工事に関する次の用語の**技術的な内容**を具体的に **2 つ**記述しなさい。ただし，技術的な内容とは，施工上の留意点，選定上の留意点，定義，動作原理，発生原理，目的，用途，方式，方法，特徴，対策などをいう。

1. グレア
2. 色温度
3. 照明率
4. 照明器具の総合効率
5. グロースタータ

解答

1. グレア

視野内に過度に輝度の高いものが見えると，不快感を感じたり，視覚の低下を生じたりする。このような視覚障害をグレア（まぶしさ）といい，**照明の良否**を評価する一つの目安となっている。グレアにはその発生の仕方から**直接グレア**と**反射グレア**が有り，グレアの人の受けとめ方から見え方が悪くなる減能グレアと不快感を感じる不快グレアに区別することが出来る。一般にグレアは次のような場合に生じやすくなる。

① 光源の輝度が高い。
② 光源が視線の近くにある。
③ 光源の見かけの面積が大きい。
④ 光源の数が多い。
⑤ 目が順応している輝度が低い。

2. 色温度

ある**光源の光色**がある温度の**黒体の光色**に等しいとき，その黒体の温度をその光源の色温度という。その可視放射範囲でその光源のスペクトル放射曲線がある温度の黒体のスペクトル放射曲線と同一であればその温度を光源の色温度という。

3. 照明率

照明器具からの光束は，照明器具の形，天井，壁及び床の**反射率**などによって，作業面に達する光束の量が異なる。照明器具内の全部の光源から出る光束の内作業面に到達する割合を照明率という。設計面の平均照度を E〔lx〕，光源全部の**所要総光束**（照明器具１灯の光束×器具台数）を F〔lx〕，**作業面の面積** A〔m^2〕，**保守率** M（$M<1$）及び**照明率**を U（$U<1$）とすると，

$$E=\frac{FMU}{A}\ \text{〔lx〕}$$

の関係がある。

4. 照明器具の総合効率

照明器具の総合効率は照明器具の全体がどれだけ効率よく光を出しているかを示すもので，光源の全光束〔lm〕をその照明器具の全消費電力〔W〕で割った値となる。全消費電力は蛍光灯や放電灯ではランプ電力と安定器損失を含んだもので，ランプ効率よりもやや低くなる。**総合効率の単位は〔lm/W〕**で表す。

5. グロースタータ

蛍光放電灯の始動方式は，**グロースタータ**式および**ラピッドスタート**方式などがあるが，蛍光ランプを始動するには高電圧が必要で 100～200 V の電圧をそのまま蛍光ランプに印加しても放電は開始しない。グロースタータ式では，グロースタータに電源電圧が印加されるとグロースタータは放電を開始する。すると内部に熱が生じるのでグロースタータのバイメタルが閉じて接点を閉じるので，電圧が印加されなくなり放電が消えるので，バイメタルは元に戻り接点を開く。このときの過渡現象により，安定器のインダクタンスで**高電圧**が発生して蛍光灯は点灯する。

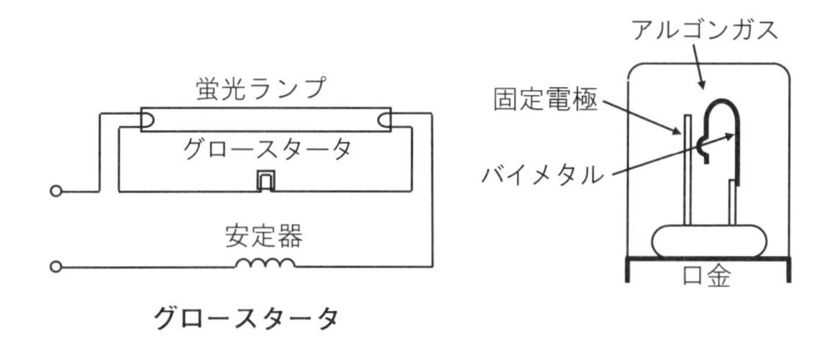

グロースタータ

17. 照明関連その2

【重要問題 34】

電気工事に関する次の用語の**技術的な内容**を具体的に**2つ**記述しなさい。ただし，技術的な内容とは，施工上の留意点，選定上の留意点，定義，動作原理，発生原理，目的，用途，方式，方法，特徴，対策などをいう。

1. ハロゲンランプ
2. メタルハライドランプ
3. 高圧ナトリウムランプ
4. 3波長域発光形蛍光ランプ
5. LED照明器具

解答

1. ハロゲンランプ

ハロゲンランプは，石英ガラス管内に不活性ガスとともに微量の塩素・ヨウ素・臭素・フッ素などのハロゲン物質を封入したもので，ハロゲン化学反応を応用して**管壁の黒化**を防止し，寿命中光束の低下がなく，優れた動程特性をもつ**白熱電球**である。

2. メタルハライドランプ

水銀灯の発光管の中に金属のハロゲン化物を添加し放電させると，金属のハロゲン化物は，放電による熱によって蒸発し，アーク中央の高温部に達すると，金属とハロゲンとに解離して，金属のハロゲン化物は，その元素特有の発光スペクトルを発する。この原理を利用したのがメタルハライドランプである。ハロゲンとしては，比較的安定な**よう化物**が多く用いられる。

3. 高圧ナトリウムランプ

高圧ナトリウムランプは，内管である**発光管**と，これを包む**外管**とからなっており，前者には化学的に安定で，かつ，90%以上の光透過率を有するアルミナセラミック管が用いられる。また，管内にはナトリウム，水銀とともに，始動用ガスとしてキセノンが封入されている。高圧ナトリウムランプには専用安定器で使用する一般型（S 形）と水銀灯安定器で使用できる低電圧始動型（L 形）がある。このうち，S 形は，一般に発光管に光透過性の多結晶のアルミナセラミックの管を用い，その発光管内にナトリウム金属，水銀及びキセノンガスを封入したランプである。S 形は，L 形より効率が高い特長があるが，**始動電圧が高い**ので，始動時にはランプに数 1,000 V のパルス電圧を印加する必要がある。

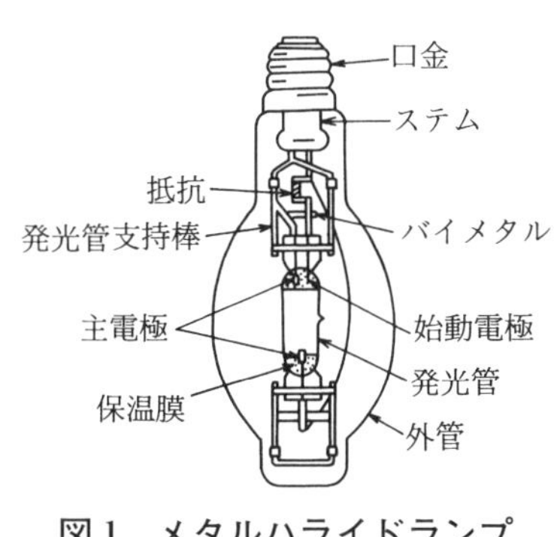

図 1　メタルハライドランプ

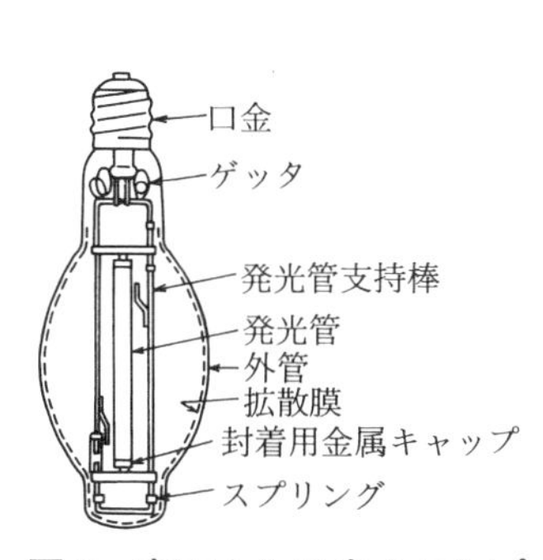

図 2　高圧ナトリウムランプ

4．3 波長域発光形蛍光ランプ

蛍光ランプは効率が高いが**演色性**が良くないのが欠点である。そこで，蛍光灯の発光スペクトルを赤，緑及び青の 3 波長域に集中させると高い効率と演色性が得られる。このようにした蛍光灯が 3 波長域発光形蛍光ランプと呼ばれる。このランプにより照明されると鮮やかに見えることが特徴となる。

5．LED 照明器具

LED とは，Light（光る），Emitting（出す），Diode（ダイオード）のそれぞれの頭文字を略したもので，発光ダイオードとも呼ばれている。LED チップに順方向の電圧をかけると，LED チップの中を電子と正孔が移動し電流が流れる。移動の途中で電子と正孔がぶつかると再結合し，再結合された状態では，電子と正孔がもともと持っていたエネルギーよりも，小さなエネルギーになる。その時に生じた余分なエネルギーが光のエネルギーに変換され発光する。地球環境保護の観点から一般照明として使用できる**長寿命，省エネ，省資源**

を目的としてLED照明器具の開発が進められ製品化されてきた。

LEDは半導体そのものが発光するという特性上，フィラメントが切れて点灯しなくなるということはないが，素材の劣化などにより，使用とともに透過率が低下し，光束が減少するようになる。**LED照明器具の寿命**は，LEDが点灯しなくなるまでの時間ではなく，**LEDの輝度**が初期の値と比べ**70%**になる時間を寿命としている。

18. 照明関連その3

【重要問題35】

電気工事に関する次の用語の**技術的な内容**を具体的に**2つ**記述しなさい。ただし，技術的な内容とは，施工上の留意点，選定上の留意点，定義，動作原理，発生原理，目的，用途，方式，方法，特徴，対策などをいう。

1. Hf蛍光灯器具
2. タスク・アンビエント照明
3. 航空障害灯
4. 引掛シーリングローゼット
5. 照度測定
6. 光電式自動点滅器

解答

1. Hf蛍光灯器具

蛍光放電灯は，全放射エネルギーの15％以上が刺激線2537Åによって蛍光を発している。蛍光放電灯は，照明用光源として種々の優れた特色があるが，一般照明用蛍光灯のものでは演色性の良くないのが欠点となる。そこで主に深赤色を発光する蛍光物質を添加し，この欠点を改善したものに天然色形や真天然色形があるが，一般照明用蛍光灯に比べ，効率は低くなる。Hf蛍光灯（高周波点灯形）は高周波点灯専用形蛍光ランプと高周波点灯専用形電子安定器により点灯させるもので，一般照明用蛍光灯より，**ちらつき**がない，**点灯が早い**，**ランプ効率**が高い，**演色性**が優れているなどの特徴を持ったランプである。

2. タスク・アンビエント照明

作業室内を均一に照明して机などの作業対象に対して**局部照明**を行う照明方法をタスク・アンビエント照明という。タスクとは机などの作業対象をいい，アンビエントとは机などの作業対象の周囲環境をいう。アンビエント照明は必要な照度の**1/3程度**が望ましいとされている。タスク照明は局部照明となるのでグレアや反射などによる障害を防止することが重要となる。このためにタスク照明の配置は作業対象の側面から行うのが望ましい。

3. 航空障害灯

航空障害灯は，夜間に飛行する航空機に対して**高層ビル**などの存在を示すために使用される赤色または白色の電灯であり，これらは点灯または明るくなったり暗くなったりする明滅を行う航空保安施設である。航空法第51条により地上より**高さ60m**を超える建造物などには航空障害灯の設置が義務付けられている。さらに，骨組構造の建造物や細長い煙突には昼間障害標識（赤白の塗装）の設置を義務付けられているものがある。また，超高層ビルが密集している地域の場合，60m以上でも一部のビルには障害灯を設置しなくてもよい場合がある。昼間障害標識に関する規定が航空法第51条の二に規定されている。

第51条の二　昼間において航空機からの視認が困難であると認められる煙突，鉄塔その他の国土交通省令で定める物件で地表又は水面から60m以上の高さのものの設置者は，国土交通省令で定めるところにより，当該物件に昼間障害標識を設置しなければならない。

航空障害灯の種類及び設置基準に関して航空法施行規則第127条に規定されている。**航空障害灯**は，**高光度航空障害灯**，**中光度航空障害灯**（中光度白色航空障害灯及び中光度赤色航空障害灯）及び**低光度航空障害灯**の**3種類**となる。

4. 引掛シーリングローゼット

引掛シーリングともいい，**交流300V以下**の電路に使用され屋内配線と**天井吊下げ照明器具**のコードとを接続するものである。内線規定に次のように規定されている。

引掛けシーリングに接続する器具の重さが5kgを超えるものにあっては，ローゼットの電気的接続部に過重が加わらないようにすること。

5. 照度測定

照明器具の照度が設計通りの値となっているか，明るすぎたり暗すぎたりしないかを定期的に測定する必要がある。事務所の照度について労働安全衛生法により**6ヶ月**ごとに測定しなければならないと定められている。使用する照度計はJIS規格に定められたものを使用し測定する高さは，床上80±5cm，和室は40±5cm，廊下や屋外は床面又は地面上15cm以下とする。

6. 光電式自動点滅器

光導電セルなどを使用して，電灯などを自動点滅させるものである。点滅には継電器や半導体スイッチなどが使用される。これを使用すれば，辺りが暗くなれば点灯し，明るくなれば消灯するので**街路灯**，**防犯灯**及び**道路照明用**などに使用されている。

19. 電力系統関連その 1

【重要問題 36】

電気工事に関する次の用語の**技術的な内容**を具体的に **2 つ**記述しなさい。ただし，技術的な内容とは，施工上の留意点，選定上の留意点，定義，動作原理，発生原理，目的，用途，方式，方法，特徴，対策などをいう。

1．保護協調　　　　　　　2．後備保護継電方式
3．遠方後備保護　　　　　4．遠隔監視制御方式

解答

1．保護協調

電力系統のある場所で短絡事故が発生した場合，事故の検出・復旧が速やかに行われないと，事故を起こした場所ばかりではなく，他の健全な場所もその事故を拾って広範囲に事故が拡大することがある。これを波及事故といい，これを防ぐには事故時における各保護装置間に適正な協調を施してあれば，事故が事故区間のみに限定されて他の健全な系統には波及しないようにできる。

保護協調には，過電流保護協調，地絡保護協調及び絶縁協調等がある。需要家と一般電気事業者間の過電流保護協調の例を挙げれば，需要家と一般電気事業者間で継電装置の動作時間制定値を調整して波及を防いでいる。短絡事故が需要家で発生した場合には，需要家の過電流継電器や地絡継電器が先に動作すれば，電気事業者の変電所をトリップさせることはないので，配電線や送電線を停電させることはない。

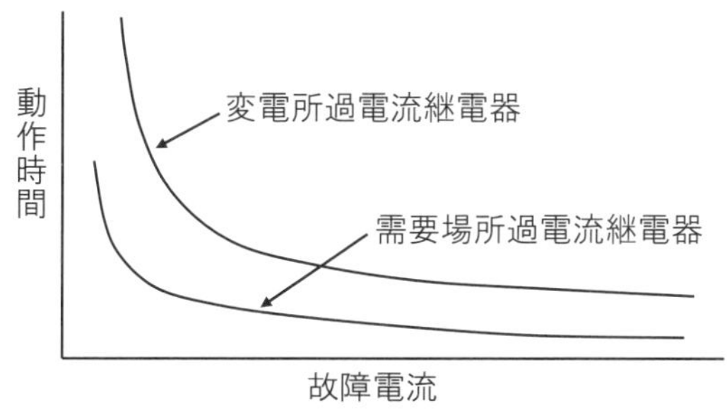

過電流保護協調の例

2. 後備保護継電方式

発電機，変圧器及び送電線等で構成される電力系統で発生する事故は，その事故範囲が最小になるように関連する遮断器に指令を送って遮断器を開放する。これを主保護継電方式という。ところが，事故時において主保護継電器や遮断器の故障等により該当する遮断器が開放されない場合には，その隣接する区間の遮断器を開放して事故の波及を防止する仕組みが施されている。これを後備保護継電方式という。後備保護継電方式は主保護継電方式の動作不備によるバックアップとなるため，継電器の動作時限の協調が重要となる。

3. 遠方後備保護

後備保護継電方式は，遠方後備保護と自端後備保護に分けることが出来る。遠方後備保護はリモートバックアップとも呼ばれる。

4. 遠隔監視制御方式

発電所や変電所等の変圧器，遮断器などの運転状況を遠方から記録，監視及び制御することの出来る制御方式である。常時監視しない変電所に関する規定が，「電気設備の技術基準の解釈」第48条に示されている。

① 「**簡易監視制御方式**」は，技術員が必要に応じて変電所へ出向いて，変電所の監視及び機器の操作を行うものであること。

② 「**断続監視制御方式**」は，技術員が当該変電所又はこれから300 m以内にある技術員駐在所に常時駐在し，断続的に変電所へ出向いて変電所の監視及び機器の操作を行うものであること。

③ 「**遠隔断続監視制御方式**」は，技術員が変電制御所又はこれから300 m以内にある技術員駐在所に常時駐在し，断続的に変電制御所へ出向いて変電所の監視及び機器の操作を行うものであること。

④ 「**遠隔常時監視制御方式**」は，技術員が変電制御所に常時駐在し，変電所の監視及び機器の操作を行うものであること。

20. 電力系統関連その2

【重要問題 37】

電気工事に関する次の用語の**技術的な内容**を具体的に**2つ**記述しなさい。ただし，技術的な内容とは，施工上の留意点，選定上の留意点，定義，動作原理，発生原理，目的，用途，方式，方法，特徴，対策などをいう。

1. 系統連系
2. 直流送電方式
3. 電力系統の直流連系
4. 太陽光発電の系統連系

解答

1．系統連系

異なる電圧の系統や異なる電力会社間相互で電力の融通を行うのが系統連系である。系統を**連系**すれば系統の**合成インピーダンス**が小さくなり**電圧変動率**や**安定度**は**向上**し，事故時においても他の系統から速やかに電力を融通できるので信頼性を高めることが出来る。また，電力をお互いに融通できるので発電設備や送電設備を大型にすることができ，更に設備の稼働率が向上する。しかし系統が並列接続されるため電力系統の**短絡容量が増加**するので遮断器の容量が増大化する欠点が生じる。

2．直流送電方式

① 交流と比較して，高価な変換設備を必要とするが，送電線路の建設コストは小さいため，送電距離が長くなれば経済的になり，送電容量を電線の許容電流まで大きくできる。

② 二つの独立した交流系統を直流により連系すると，系統容量は増大するが交流系統における短絡容量は変化しない。このため短絡容量の減少のために直流系統で連系する方法もある。

③ ケーブルによる送電でも充電電流がないので誘電損がなく，長距離の

ケーブル送電が可能である。

④　異なった周波数の系統間連系ができる。

⑤　直流変換装置により高調波が発生するので高調波の対策が必要である。

⑥　交流送電と比べて電力潮流の送受電制御が迅速，かつ容易に行える。

⑦　高電圧，大電流の遮断が困難であり，大地帰路方式の場合は，電食を起こすおそれがある。

3．電力系統の直流連系

交流電力系統をいくつかのブロックに分割して，それらを直流連系（交流→直流→交流）した場合，短絡電流の大きさはその分割されたブロック内の交流電源容量のみで定まるので，電力系統を直流連系することが短絡容量の軽減策として有効である。ただし，直流変換装置により高調波が発生するので，高調波の対策が必要である。

4．太陽光発電の系統連系

①　太陽光発電装置の逆変換装置を用いて太陽光発電装置を電力系統に連系する場合は，逆変換装置から直流が電力系統へ流出することを防止するために，受電点と逆変換装置との間には特別の場合を除いて変圧器を施設すること。

②　高圧又は特別高圧の電力系統に太陽光発電装置を連系する場合において，太陽光発電装置の脱落時等に連系している電線路等が過負荷になるおそれがあるときは，太陽光発電装置設置者において，自動的に自身の構内負荷を制限する対策を行うこと。

③　単相3線式の低圧の電力系統に太陽光発電装置を連系する場合において，負荷の不平衡により中性線に最大電流が生じるおそれがあるときは，太陽光発電装置を施設した構内の電路であって，負荷及び太陽光発電装置の並列点よりも系統側に，3極に過電流引き外し素子を有する遮断器を施設すること。

21. 電源関連その 1

【重要問題 38】

電気工事に関する次の用語の**技術的な内容**を具体的に **2 つ**記述しなさい。ただし，技術的な内容とは，施工上の留意点，選定上の留意点，定義，動作原理，発生原理，目的，用途，方式，方法，特徴，対策などをいう。

1. コージェネレーションシステム　　2. コンバインドサイクル発電
3. 太陽光発電システム

解答

1. コージェネレーションシステム

コージェネレーションシステムは電力と熱の供給を同時に行うシステムであり，ガスタービンなどの原動機の**廃熱を回収**して蒸気を作り，発生した蒸気はそのまま給湯や暖房に使用したり，吸収式冷温水発生器の熱源として使用すれば冷房用の熱源ともなる。この排気ガスの回収によりシステムの総合効率は70% 程になる。ガスタービンを使用したコージェネレーションシステムの例は図のようになる。

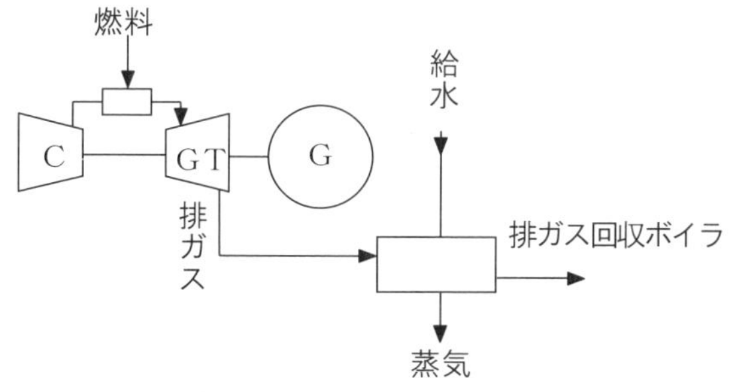

コージェネレーションシステムの例

2. コンバインドサイクル発電

ガスタービン発電方式の欠点である**低効率**を改善するために考え出されたのがコンバインド発電方式である。**ガスタービン発電**の**排ガス**を**汽力発電所**

の給水の加熱やボイラに導いてプラントの総合効率を向上させる。コンバインド発電方式にはいろいろな種類があるが，代表的な廃熱回収方式は図に示すように，ガスタービン発電の排ガスを排ガス回収ボイラに導き，汽力発電所の蒸気を発生させる。ガスタービン発電方式の特徴は次のようである。

① 温排水量が少ない。

② 起動，停止の時間が短い。

③ 大気温度の変化が，出力に与える影響が大きい。

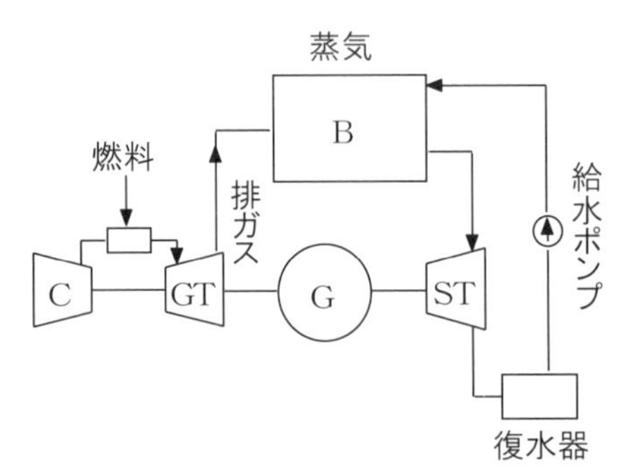

C；圧縮機，GT；ガスタービン，B；ボイラ，
ST；蒸気タービン，G；発電機

廃熱回収方式

3．太陽光発電システム

太陽の光が半導体のpn接合に照射されると**光電効果**により起電力が発生する。このような半導体素子を太陽電池という。太陽光発電システムは，太陽電池で発電した電力を直流から交流に変換する**インバータ**，発電した電力を蓄える蓄電池及び商用電源に接続するための保護装置等から構成されている。太陽光発電システムの長所と短所は次のようになる。

＜長所＞

① 環境に優しく，**騒音・異臭**などがない。

② 規模に関係なく効率は一定である。

③ 寿命が長く，保守もほとんど必要がない。

＜短所＞

① **エネルギー密度**が低く，電池コストが高い。

② **気象条件**により出力が変動する。

③ 直流発電なので**交直変換装置**が必要である。

22. 電源関連その2

【重要問題 39】

電気工事に関する次の用語の**技術的な内容**を具体的に**2つ**記述しなさい。ただし，技術的な内容とは，施工上の留意点，選定上の留意点，定義，動作原理，発生原理，目的，用途，方式，方法，特徴，対策などをいう。

1. 風力発電
2. 地熱発電
3. 非常電源専用受電設備

解答

1. 風力発電

風力発電のエネルギー変換効率は，空気の摩擦，粘度，うずによる損失のため，理論上の最大効率よりも低下する。運転中に**温室効果ガス**を発生しないクリーンなエネルギーであるが，エネルギー密度が小さく風速の変化により出力が変動するので，電力系統と連系するか電力貯蔵設備と併用する必要がある。風車には，**水平軸形のプロペラ形風車**と風向に依存しない**垂直軸形のダリウス風車**がある。風力発電の風車が1秒間に受ける風の**運動エネルギー** W〔J〕は，**受風面積**を A〔m^2〕，**風速**を v〔m/s〕，**空気密度**を ρ〔kg/m^3〕とすると次のようになる。

$$W=\frac{A\rho v^3}{2}\ \text{〔J〕}$$

プロペラ風車

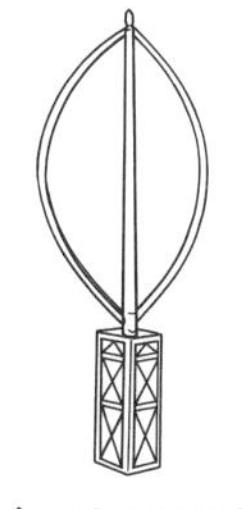

ダリウス風車

2. 地熱発電

地熱発電は直接発電と間接発電に分類することができる。直接発電は地熱蒸気の不純物を処理して，蒸気，または熱水のまま発電に利用するものであり，間接発電は蒸気または熱水を熱交換器に導いて蒸気を発生させるものとなる。地熱発電では次のような得失がある。

＜長所＞

(a) 燃料費がいらないので発電原価が安い。

(b) 大気汚染などが発生しない。

(c) 熱水を多目的に利用できる。

＜短所＞

(a) 地熱発電地点の調査に費用がかかる。

(b) タービン効率が低く単機容量が小さい。

(c) 腐食性不純物を含有しているため，使用材料に耐食性のものが必要となる。

3. 非常電源専用受電設備

① 高圧用非常電源専用受電設備

高圧用非常電源専用受電設備は，高圧で受電し，非常電源回路及び高圧の受電設備として使用する機器一式を金属箱に収納したものである。非常電源回路は他の非常電源回路又は他の電気回路の開閉器又は遮断器によって遮断されないようにする必要がある。

② 低圧用非常電源専用受電設備

低圧用非常電源専用受電設備は，低圧で受電し，開閉器，過電流保護器，計器その他の配線用機器等をキャビネットに収納したものである。また，耐火性能によって**第一種配電盤**等と**第二種配電盤**等に区分される。非常電源回路は，他の非常電源回路又は他の電気回路の開閉器又は遮断器によって遮断されないようにする必要がある。

23. 電源関連その3

【重要問題 40】

電気工事に関する次の用語の**技術的な内容**を具体的に**2つ**記述しなさい。ただし，技術的な内容とは，施工上の留意点，選定上の留意点，定義，動作原理，発生原理，目的，用途，方式，方法，特徴，対策などをいう。

1. 電力系統の電力貯蔵設備

解答

1. 電力系統の電力貯蔵設備

① **電池電力貯蔵装置**

(a) 動作原理

交流電力をコンバータにより直流に変換して鉛蓄電池などの二次電池に充電し，電気エネルギーを化学エネルギーとして貯蔵するシステムである。電力需要が増加したときに出力されるのは直流電力なので，インバータにより直流を交流に変換して系統に供給する。実用化されている二次電池には，鉛電池，ナトリウム－硫黄電池，亜鉛－臭素電池，レドックスフロー形電池，リチウムイオン電池などがある。

(b) 特　徴

㋐ 電池の容積当たりのエネルギー密度は一般に高く，小型化しやすい。
㋑ 交直変換器装置は確立された技術になっており，実現が容易である。
㋒ 騒音や振動の問題もなく比較的設置場所の制約が少ない。
㋓ 電池に寿命があり更新サイクルの検討が必要である。

② **フライホイール電力貯蔵装置**

(a) 動作原理

交流電力エネルギーを用いてフライホイールに接続された発電電動機を駆動して真空中にあるフライホイールを回し，回転エネルギーとして貯蔵する。電力が必要なときは，発電電動機をフライホイールで駆動して電力を発生させる。軸受として超伝導を利用した浮上装置を使用すると理論的には無損失となるので効率のよい電力貯蔵が実現できる。

(b) 特　徴

㋐　単位容積当たりのエネルギー密度が高く，小型化しやすい。

㋑　電力貯蔵容量は装置の機械的な制約などから中容量以下となる。

③　超電導エネルギー貯蔵装置（SMES）

(a)　動作原理

超電導状態にしたコイルに交流電力を直流に変換して電流を流し，電流とコイルのリアクタンスで定まる磁気エネルギーの形で貯蔵する。

(b)　特　徴

㋐　超電導コイルを用いるため，コイルでの損失は零である。

㋑　装置の容積当たり貯蔵エネルギー密度は大きい。

㋒　超電導状態を保持するために必要なコイルの冷却のための冷凍機と交直変換器の損失が全体の損失となる。

㋓　大出力を短時間に放出できるので，応答速度が速い。

④　キャパシタ貯蔵装置

(a)　動作原理

交流電力を直流に変換し，電解コンデンサ，電気二重層キャパシタなどのキャパシタに静電エネルギーとして電力を貯蔵する。

(b)　特　徴

㋐　充電時間が短く，応答速度が速く，容積の割に取り扱える電力が大きい。

㋑　利用の繰り返しによる劣化が少なく，環境に対する安全性が高い。

㋒　単位容積当たりのエネルギーの密度及び貯蔵量は他の方式に比べて小さい。

㋓　他の貯蔵装置に比べて交直変換器に工夫が必要である。

㋔　短周期の負荷変動や発電量の変動の吸収に適する。

㋕　二次電池に比べ寿命が長い。

⑤　圧縮空気貯蔵装置（CAES）

(a)　動作原理

交流電力で空気を3～6〔MPa〕の圧縮空気として圧力容器や地下空洞内に貯蔵し，圧力エネルギーとして貯蔵する。電力として取り出す場合には，その圧縮空気をガスタービンの駆動用の一部として供給し，電力を発生させる。

(b)　特　徴

㋐　貯蔵場所に地下空洞などを用いると，大容量化が可能である。

㋑　圧縮ガス自体のエネルギー密度はさほど大きくない。

㋒　電力に変換するときにガスタービンにLNGなどの燃料が必要なため，純粋な電力貯蔵とは異なるが，ガスタービンの空気圧縮用動力が不要になるために，ガスタービンの効率が向上する。

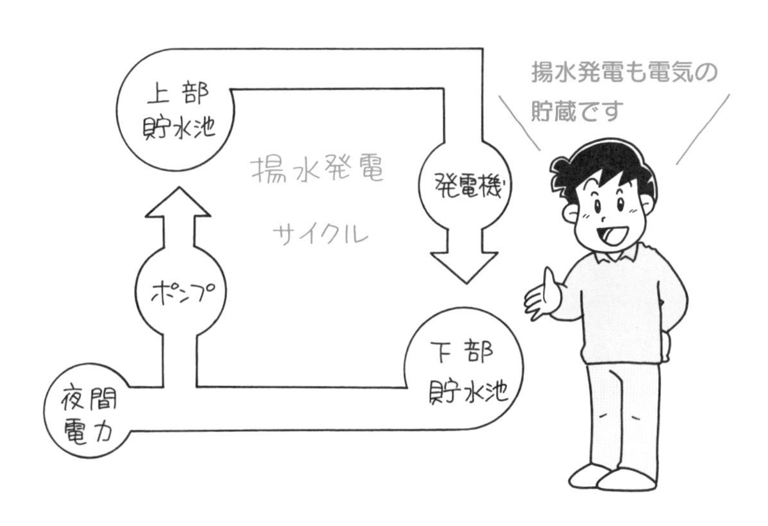

第4章　電気工事に関する用語

24. 電源関連その4

【重要問題41】

電気工事に関する次の用語の**技術的な内容**を具体的に**2つ**記述しなさい。ただし，技術的な内容とは，施工上の留意点，選定上の留意点，定義，動作原理，発生原理，目的，用途，方式，方法，特徴，対策などをいう。

1．二次電池　　　　2．鉛蓄電池
3．燃料電池　　　　4．交流無停電電源システム（UPS）

解答

1．二次電池

電池から電流を取り出すことを放電といい，**一度の放電**しかできないものを**一次電池**といい，充電することにより寿命が来るまで**繰り返し放電**できるものを**二次電池**という。二次電池の代表的なものは鉛蓄電池やニッケルカドミウム電池などがある。

2．鉛蓄電池

鉛蓄電池は大容量用として一番用いられている二次電池で，両電極に鉛及び鉛の化合物を使用し，電解液として硫酸水溶液 H_2SO_4 が用いられている。硫酸水溶液の濃度は，充電状態で1.28，放電状態で1.14程度で，温度が上がると，溶液の導電性は良くなる。充電終了時においては，両極から水素及び酸素ガスの発生が急増する。鉛蓄電池の1槽の充電終了時の起電力は約**2.1V**で，電解液の比重は，放電するとともに小さくなっていく。つまり放電が進むと，硫酸溶液中に水分が増加して，硫酸濃度が減少するので，**電解液の比重**で電池の放電の進み具合がわかる。逆に充電すれば，電解液の比重は，次第に大きくなる。使用中に液面が低下した場合には，蒸留水を規定液面まで注入して規定の水位を保つようにする。鉛蓄電池は**自己放電**するので，常に充電状態を保つようにしなければならない。また，鉛蓄電池を放電状態で長い間放置すると，陽極及び陰極に硫酸鉛の結晶が生じて，極板の電気抵抗が増加して充電が困難になる**サルフェーション**という現象が生じる。

3. 燃料電池

燃料電池発電は，一般的に天然ガス，メタノール等を改質して得られる水素と空気中の酸素との電気化学反応により直接発電する方式である。燃料と酸化剤とを連続して供給すれば，理論的には永久に発電を続けることが可能となる。燃料電池の発生電力は直流であるので，電力系統につなぐ場合には**インバータ**を用いる必要がある。現在実用化段階にあるのが**リン酸形燃料電池**であり，そのほかに溶融炭酸塩形燃料電池，固体電解質形燃料電池等がある。燃料電池発電は，火力発電に比べて，効率が高く，また，原理的に燃焼や回転を必要としないので，環境への影響も小さく，**分散形電源**として期待されている。

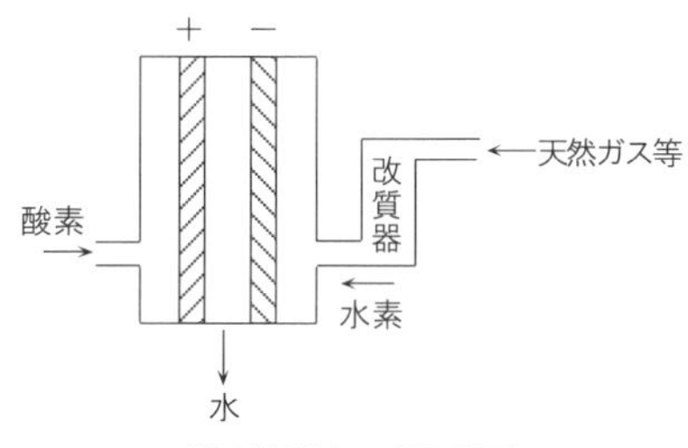

燃料電池の原理図

4. 交流無停電電源システム（UPS）

半導体交流無停電電源装置（UPS）は，コンピュータなどの停電や大幅な電圧降下による障害を回避するために用いられるようになってきた。図に示すように，**UPS**は**交流電源**を**整流**して**蓄電池**に蓄えておく。もし，UPSに接続されている電源が停電しても，インバータにより蓄電池の直流を交流にして負荷には無停電で電力を供給できる。ここで，負荷が数サイクル程度の瞬断を受け入れられるときは，常時は交流電源から供給し，瞬断が生じたときのみUPSに切り替える回路構成とする場合もある。また，インバータにより供給されるので，**UPS常時供給式**では**電圧・周波数を一定**に保つことができ，また，負荷に適した電圧・周波数とすることもできる。

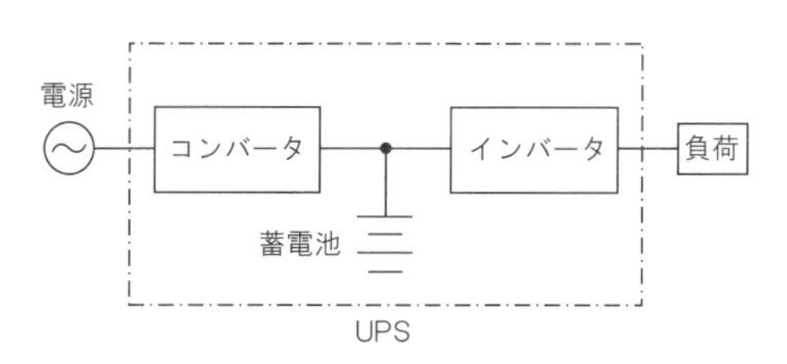

第4章 電気工事に関する用語

25. 送電関連その 1

【重要問題 42】

電気工事に関する次の用語の**技術的な内容**を具体的に **2 つ**記述しなさい。ただし，技術的な内容とは，施工上の留意点，選定上の留意点，定義，動作原理，発生原理，目的，用途，方式，方法，特徴，対策などをいう。

1. 雷に対する保護対策
2. 架空地線
3. 送電線のねん架
4. 電磁誘導障害防止対策

解答

1. 雷に対する保護対策

送電線の雷害対策としては，まず，電線への直撃雷を防ぐための遮へい対策として，**架空地線**の設置があげられる。図 1 のように，鉄塔が雷の直撃を受けたときの**逆フラッシオーバ**を防止するには，塔脚の**接地抵抗** R を低下する必要があるため，山地等の固有抵抗値の大きいところに建設される鉄塔には，埋設地線を施設する。また，長径間では径間の逆フラッシオーバ（逆せん絡）を防止するため，架空地線と電線との距離をなるべく大きく設計する。

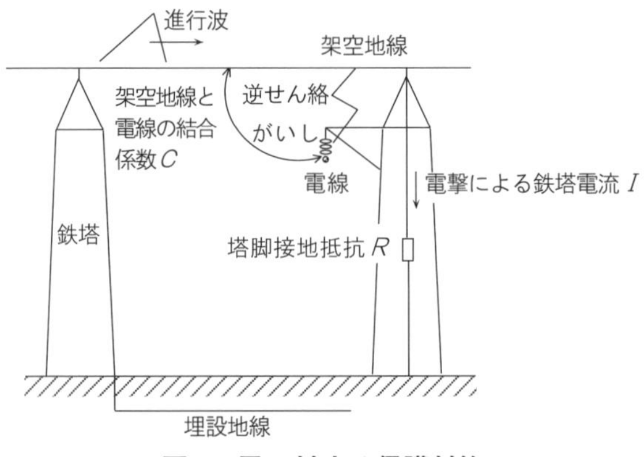

図 1　雷に対する保護対策

碍子（がいし）の保護には**アークホーン**を使用して碍子を電撃から守る。変電所の雷害対策としては，送電線引込口に避雷器を設置し，屋外気中絶縁設備への直撃雷を遮へいするため架空地線又は避雷針を設置するようにする。

2. 架空地線

架空地線は図2に示すように，送電線路の頂部に張られ，雷害の防止や地絡故障時の通信線への電磁誘導障害を軽減する目的で設置される。架空地線の**遮へい角**αは，**小さい**ほど遮へい率（電線以外の直撃回数と全直撃回数との比）は高くなる。また，架空地線は，1条より2条のほうが効果が大きくなり，架空地線の効果を高めるためには**導電性の良い線**を用いることが必要となる。

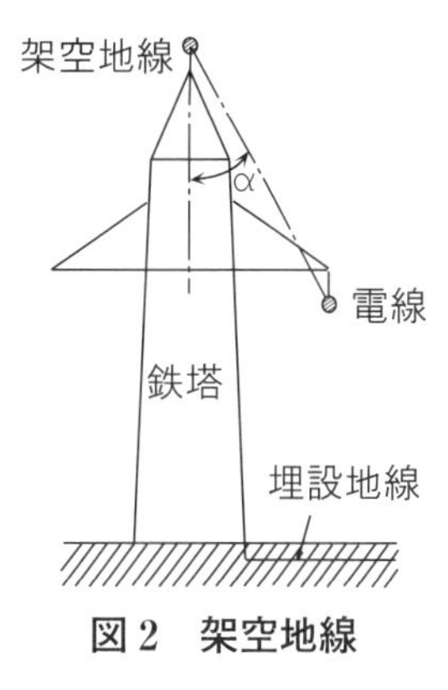

図2　架空地線

3. 送電線のねん架

送電線路と弱電流線などの金属体間の静電容量が同一でないと，**中性点に残留電圧**（中性点電圧）が発生して，この残留電圧により，静電容量に充電電流が流れることによって弱電流線はある電位を持つようになる。これが送電線路に発生する**静電誘導現象**である。静電誘導障害を防止するには，送電線路をある区間を区切って相順を入れ替える操作をする。これによって各相の対地静電容量を同じにすることができる。この操作を**捻架**（ねんか）という。これにより中性点の残留電圧を抑制することができる。

4. 電磁誘導障害防止対策

三相3線式の送電線と平行している通信線があるとき，送電線で1線地絡故障が生じると各相電線には**零相電流**が流れる。この電流によって，送電線と通信線間の相互インダクタンスにより通信線には，電圧が誘導される。これを**電磁誘導障害**という。防止するには，零相電流の大きさを制限すればよいので，対策としては次のようなものがある。

① 中性点接地の**接地抵抗値**をできるだけ**大きく**する。
② 通信線と送電線の**離隔距離**を**大きく**する。
③ 接地した**遮へい線**を設ける。
④ 電力線と架空弱電流電線とが**平行**する部分をできるだけ**少なく**する。
⑤ 電力線における**高調波**の発生を防止する。
⑥ 通信線に**ケーブル**を使用する。

26. 送電関連その2

【重要問題 43】

電気工事に関する次の用語の**技術的な内容**を具体的に**2つ**記述しなさい。ただし，技術的な内容とは，施工上の留意点，選定上の留意点，定義，動作原理，発生原理，目的，用途，方式，方法，特徴，対策などをいう。

1. コロナ放電
2. コロナ損
3. ギャロッピング
4. ストックブリッジダンパ
5. アーマロッド
6. 放電クランプ
7. 多導体方式
8. フェランチ効果

解答

1. コロナ放電

商用周波数の高電圧が加えられた導体において，表面付近の**電位の傾きが大きい部分**で絶縁が破壊して**放電**する現象をコロナ放電という。空気の絶縁が破れる電位の傾きは，温度，湿度，気圧，雨など気象条件に影響されるが，空気が絶縁破壊を起こす電位の傾きは，標準気象状態で約 30 kV/cm（波高値）である。コロナの発生は，素導体の数や間隔，配置等によって大きく左右される。架空送電線路にコロナが発生すると電力損失を生じ，送電効率を低下させたり，放電時に発生するコロナパルスによって，送電線路の近傍では**受信障害**を伴うことが多くなる。送電線路でコロナを防止するには，電線を太くして電線表面の電位傾度を下げたり**多導体方式**の採用が有効である。

2. コロナ損

コロナ放電が発生すると，電気エネルギーの一部が**音**，**光**，**熱**などに形を変えて現れる。これを**コロナ損**といい**電力損失**を伴う。

3. ギャロッピング

送電線のギャロッピング現象とは，着氷雪などによって，電線の断面が非対称となり，これに水平風が当たると揚力振動が発生し，着氷雪の位置によっては自励振動を生じて，電線が上下に振動する現象である。この現象の対策としては，送電線の適切な位置にダンパを取り付ける方法あるいは送電線の相間にスペーサーを取り付ける方法などがある。

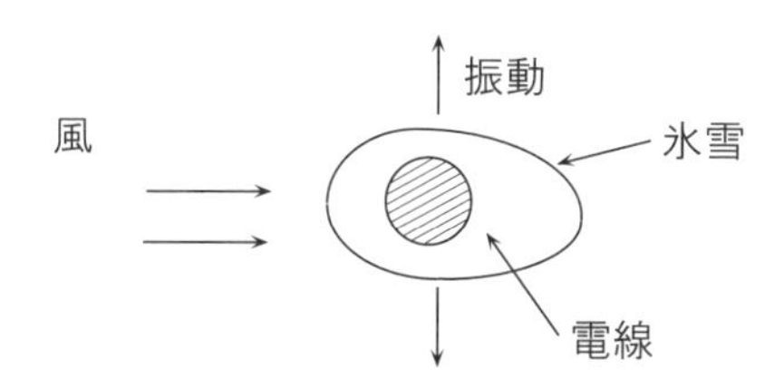

4. ストックブリッジダンパ

風の影響による**電線の振動**で発生する電線の**素線切れ**を防止するには電線にストックブリッジダンパを取り付けて，振動のエネルギーを吸収する。

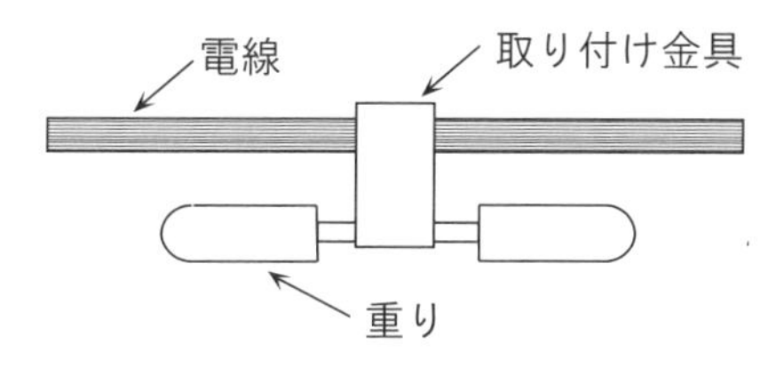

5. アーマロッド

アーマロッドは電線と同じものを，電線のより方向と同じ方向に，電線の支持部分に巻き付けたもので，風の影響による電線が振動することによって生じる疲労による電線支持部の**素線切れを防止**する。

6. 放電クランプ

架空配電線に雷撃が生じたとき，**異常電圧**を放電クランプとがいしベース金具間で放電させて，碍子の破損や電線の断線を防止するために用いられる。

送電線で用いられているアークホーンと同じ原理によるものである。

7. 多導体方式

超高圧の送電線では導体を複数用いる方式が用いられる。1相分の導体としてスペーサーと電線2本以上を用いたものを多導体方式と呼ぶ。多導体の合計断面積と単導体方式の断面積が等しいものとすれば，多導体方式は単導体方式に比べ，次のような特徴がある。

① 電線のインダクタンスが減少し，線路の静電容量が増加して安定度向上に役立つ。

② 電線表面の電位傾度が低減して，コロナ臨界電圧が高くなるので，コロナによる雑音障害などを防止できる。

③ 風圧や氷雪荷重が大きい。

④ 表皮効果が少ないので電流容量が大きくなり送電容量が増加する。

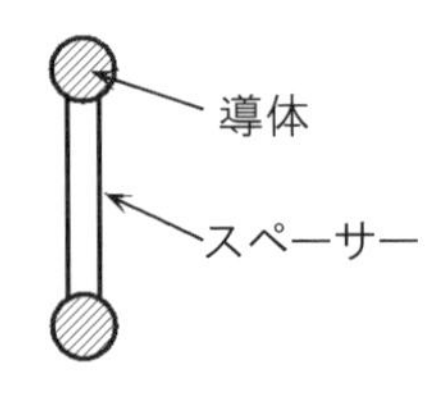

8. フェランチ効果

長距離送電線路では，送電線の大地静電容量の影響が大きく現れ，この送電線路を無負荷又は軽負荷で充電すると受電端電圧が送電端電圧より高くなる。これは線路の静電容量によるもので，このような現象をフェランチ効果という。この分布静電容量の影響は発電機の自己励磁現象などをおこすので，防止法としては，受電端に設置されている電力用コンデンサの開放や分路リアクトルの使用などがある。

27. 配電関連その 1

【重要問題 44】

電気工事に関する次の用語の**技術的な内容**を具体的に **2 つ**記述しなさい。ただし，技術的な内容とは，施工上の留意点，選定上の留意点，定義，動作原理，発生原理，目的，用途，方式，方法，特徴，対策などをいう。

1. 高圧受電方式
2. 本線予備線受電方式
3. ループ式受電方式
4. スポットネットワーク受電方式
5. 三相 4 線式受電方式
6. 配電線路のバランサ
7. 配電系統のカスケード遮断方式

解答

1．高圧受電方式

① 1 回線専用方式

1 回線専用方式は，配電用変電所と一つの需要家を直接接続するもので，他の需要家の影響は受けないが，配電用変電所が停電すると需要家の方も停電する。

② 本線予備線受電方式

別系統の 2 回線を引き込む方式で，停電時に短時間で予備線に切り替えることで，停電時間を短くすることができる。

③ ループ方式

ループ方式は高圧配電線をループ状にして運用するもので，信頼度は非常に高い。

④ スポットネットワーク受電方式

スポットネットワーク受電方式は，同じ変電所から常時 3 回線程度で受電するので，1 回線が故障してもそのまま受電できるので信頼性が高い。

第 4 章 電気工事に関する用語

2. 本線予備線受電方式

2回線を引き込む方式で常用予備線受電方式とも呼ばれている。常時は1回線を運用し，常時引き込み回線事故時に他の引き込み回線に切り替える方式である。**切り替え時に一時停電**する欠点がある。

3. ループ式受電方式

ループ方式は高圧配電線をループ状にして運用するもので，ある区間において故障が生じても自動区分装置により，故障区間以外には自動的に送電をするので**供給信頼度**が高くなる。ループを常時閉じておく常時閉路式とループを常時開いておく常時開路式がある。我国では電力損失や電圧降下が小さく，又信頼度の高い**常時開路式**が一般に採用されている。

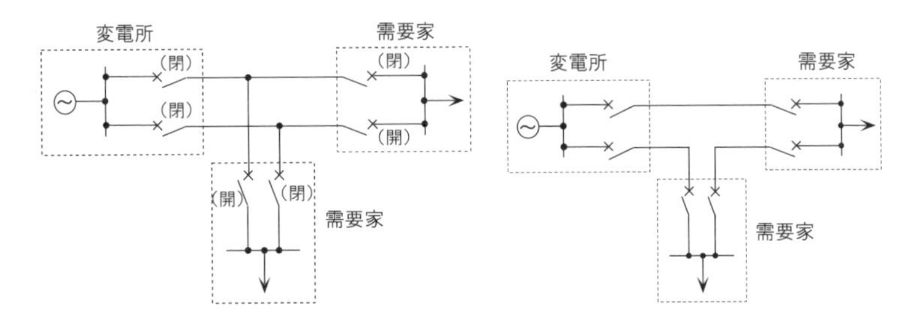

4. スポットネットワーク受電方式

スポットネットワーク方式は，同じ変電所から常時3回線程度で受電し，各回線ごとに受電用断路器，ネットワーク変圧器，ネットワークプロテクタが設置される。スポットネットワーク方式では，**1回線が故障**してもネットワークプロテクタにより自動的に無停電供給できるので，**供給信頼度**が高く運転及び保守の省力化が図れるようになる。また，配電線の一次側に遮断器を必要としないので，設置スペースが省略できるので経済的になる。

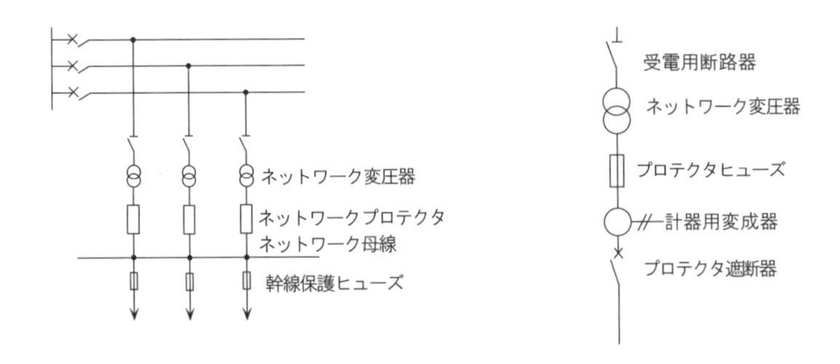

5. 三相４線式受電方式

三相3線式電路の中性点から電線を引きだし，負荷側において**２種類以上の電圧**が得られるようにした配電方式である。一般に電灯負荷と動力負荷を供給するので，灯動供給方式とも呼ばれる。二次側の電圧を240／415〔V〕にすると，三相200〔V〕及び100／200〔V〕単相3線式供給方式に比べて同一電力に対して電流が小さくなるので，電力損失低減及び電圧降下が低減する。また，単相負荷にも三相負荷にも供給できるので，総合負荷率が向上して設備が経済的にでき，三相415〔V〕であれば，高出力の電動機を作ることができるため，場合によっては，**高圧設備を省略**できる。しかし，100〔V〕の機器に供給するには240／100〔V〕の変圧器が必要で，使用電圧415〔V〕の機器などの接地は，C種接地工事が必要になる。

6. 配電線路のバランサ

単相3線式の負荷は常に同じように配置することはできないので，中性線に流れる電流を0にすることは事実上不可能である。中性線の電流をできるだけ小さくするために，負荷側に**変圧器の１種**であるバランサを接続すると非接地側の電線の電流は等しくなり，負荷の端子電圧は共に等しくなって，負荷のアンバランスによる電圧不平衡の影響をなくすことができる。

7. 配電系統のカスケード遮断方式

過電流遮断器は，これを施設する箇所を通過する短絡電流を遮断する能力を有するものであることが，電気設備の技術基準とその解釈に定められている。しかし，配線用遮断器の遮断容量が，それを設置する箇所の最大短絡電流に対して不足している場合，その配線用遮断器より**電源側**に設置する**自動遮断器**で，その回路の**短絡事故**を保護する方式を，**カスケード遮断方式**という。

28. 配電関連その2

【重要問題45】

電気工事に関する次の用語の**技術的な内容**を具体的に**2つ**記述しなさい。ただし，技術的な内容とは，施工上の留意点，選定上の留意点，定義，動作原理，発生原理，目的，用途，方式，方法，特徴，対策などをいう。

1．フリッカ
2．フリッカ対策
3．高調波
4．高調波対策
5．需要率，不等率，負荷率

解答

1．フリッカ

配電線の負荷がアーク炉の場合，鉄鋼が溶解する時などの負荷急変時には，電源側に流れる電流も急変して線路の電圧降下もそれに連動して変化するので，負荷側に接続された**電灯の光度**（光束）が電圧変動により増減して**ちらつき**の原因となり，作業している人に**不快感**を与える。また，電圧変化が過大になると機器の動作が不安定になる場合もあり，製品の品質に問題が生じる場合がある。このように負荷容量に比べて供給変電所の電源容量が小さく，系統インピーダンスが大きい場合，負荷変動時に電流が激しく脈動し，母線電圧を動揺させ，同じ母線に接続されている照明設備やテレビなどにちらつきを生じさせるのがフリッカである。

2．フリッカ対策

フリッカ対策として次のようなものが考えられる。

① フリッカの原因となる機器が接続される配電線を**専用線**とする。
② 低圧幹線に**バンキング方式**を採用する。
③ **直列コンデンサ**を設置する。

④　電線を**太いもの**に張り替える。

3. 高調波

高調波の発生源は半導体を用いた**交直変換装置**，**アーク炉**などの変動負荷及び変圧器などの励磁電流による。**高調波成分**の主なものは，**第3，5，7調波**といった奇数調波である。高調波が発生すると，電力用コンデンサやリアクトルの振動や加熱・焼損，OA・AV機器などの異常動作，配線用遮断器の誤動作，回転機器の振動・異常音，変圧器の騒音などが発生する。

4. 高調波対策

高調波の対策には次のようなものがある。

①　高調波発生機器に**フィルタ**を設ける。

②　半導体を用いた機器では**多パルス化**を図る。

③　コンデンサのリアクタンスに対する直列リアクトルの**リアクタンスを大きく**する。

④　電源の**短絡容量を増加**させ，高調波発生源の系統を単独化する。

5. 需要率，不等率，負荷率

次のように定義されている。

①　需要率は，最大需要電力の負荷設備容量の合計に対する比をいう。

$$\text{需要率}=\frac{\text{最大需用電力}}{\text{負荷設備容量}}\times 100\,〔\%〕\;(\text{需要率}<100\%)$$

②　**不等率**は，各需要家の最大需要電力の総和の合成最大電力に対する比をいう。

$$\text{不等率}=\frac{\text{各需要家最大電力の合計}}{\text{合成最大電力}}\;(\text{不等率}>1)$$

③　負荷率は，ある期間中の平均需要電力の最大需要電力に対する比をいう。

$$\text{負荷率}=\frac{\text{平均需用電力}}{\text{最大需用電力}}\times 100\,〔\%〕\;(\text{負荷率}<100\%)$$

29. 接地関連その 1

【重要問題 46】

電気工事に関する次の用語の**技術的な内容**を具体的に**2つ**記述しなさい。ただし，技術的な内容とは，施工上の留意点，選定上の留意点，定義，動作原理，発生原理，目的，用途，方式，方法，特徴，対策などをいう。

1. A 種接地工事
2. B 種接地工事
3. C 種接地工事
4. D 種接地工事

解答

1. A 種接地工事

A 種接地工事の接地抵抗値の上限は **10Ω**で，施工場所は，次に示すような高圧及び特別高圧の機器などとなる。

① 特別高圧計器用変成器の 2 次側電路に施設する。

② 電路に施設する高圧用又は特別高圧用のもの機械器具の鉄台及び金属製外箱に施設する。

③ 基本的に高圧及び特別高圧の電路に施設する避雷器に施設する。

使用する接地線は，引張強さ 1.04 kN 以上の金属線又は直径 2.6 mm 以上の軟銅線を使用する。また，大地との間の電気抵抗値が **2Ω以下**の値を保っている**建物の鉄骨**その他の金属体は，これを非接地式高圧電路に施設する機械器具等の A 種接地工事の接地極に使用することができる。

2. B 種接地工事

B 種接地工事の接地抵抗値の上限は自動的に電路を遮断する装置を施設しない場合は，変圧器の高圧側又は特別高圧側の電路の 1 線地絡電流のアンペア数 I で 150 を除した値に等しいオーム数（**150／I〔Ω〕**）となる。35,000 V 以下の電路に自動的に電路を遮断する装置を設ける場合は，遮断時間により数値

150 が 300 又は 600 となる。また，大地との間の電気抵抗値が **2Ω以下**の値を保っている**建物の鉄骨**その他の金属体は，非接地式高圧電路と低圧電路を結合する変圧器の低圧電路に施す B 種接地工事の接地極に使用することができる。

3. C 種接地工事

C 種接地工事の接地抵抗値の上限は **10Ω**であるが，低圧電路において，当該電路に地絡を生じた場合に **0.5 秒以内に自動的に電路を遮断**する装置を施設するときは，**500Ω以下**となる。C 種接地工事の施工場所は，300 V を超える低圧用の機械器具の鉄台等に施設する。使用する接地線は，引張強さ 0.39 kN 以上の金属線又は直径 1.6 mm 以上の軟銅線となる。

4. D 種接地工事

D 種接地工事の接地抵抗値の上限は **100Ω**であるが，低圧電路において，当該電路に地絡を生じた場合に **0.5 秒以内**に自動的に電路を遮断する装置を施設するときは，**500Ω以下**となる。D 種接地工事の施工場所は，300 V 以下の低圧用の機械器具の鉄台等に施設する。使用する接地線は，引張強さ 0.39 kN 以上の金属線又は直径 1.6 mm 以上の軟銅線となる。

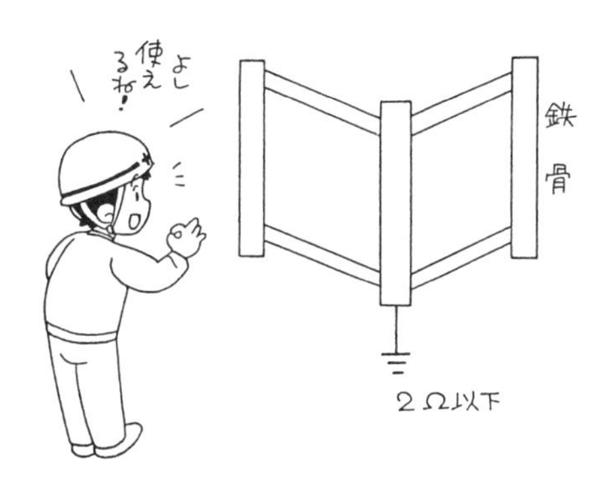

30. 接地関連その2

【重要問題47】

電気工事に関する次の用語の**技術的な内容**を具体的に**2つ**記述しなさい。ただし，技術的な内容とは，施工上の留意点，選定上の留意点，定義，動作原理，発生原理，目的，用途，方式，方法，特徴，対策などをいう。

1. 中性点接地方式
2. 非接地方式
3. 抵抗接地方式
4. 直接接地方式
5. 消弧リアクトル接地方式
6. 等電位接地（等電位ボンディング）
7. 接地抵抗値の低減方法
8. 避雷設備の構造体接地

解答

1. 中性点接地方式

電路の接地方式は電路の中性点を非接地とする**非接地方式**と，電路の中性点を接地する**中性点接地方式**に区別することが出来る。送電系統の中性点を接地する目的は次のようになる。

① アーク地絡，その他の要因で発生する**異常電圧の発生防止**。

② 地絡事故時に生じる健全相の**対地電圧の上昇を抑制**し，電線路及びこれに接続される機器の絶縁レベルの低減。

③ 地絡事故時に故障区間を早期に除去するための**保護継電器の動作**に必要な電流又は電圧の確保。

一般に，送電線路における異常電圧発生の軽減，電線路および機器の絶縁レベルの低減，**保護継電器動作の確実性**などの見地からすれば，中性点はなるべく**小さいインピーダンス**で接地（直接接地方式等）し，故障時における中性点電流の大きいことが望ましくなる。しかし，故障時における故障点工作物の損傷および機器に対する**機械的衝撃の軽減**，弱電流電線路に対する**電磁誘導の抑制**などの見地からすれば，なるべく**大きいインピーダンス**で接地（抵抗接地方式等）し，故障時における中性点電流の小さい方が望ましくなる。中性点接地方式の選定については，これらの事項を十分検討し，その系統の状況に応じて最も適当な方式を採用しなければならない。

2. 非接地方式

送電電圧が低く，こう長の短い線路に用いられる。地絡電流が小さいので地絡継電器の動作が不安定になったり，健全相対地電圧上昇が大きくなるなどの欠点がある。

3. 抵抗接地方式

抵抗接地方式には，**高抵抗接地**と**低抵抗接地**がある。高抵抗接地方式では抵抗値が大きくなると地絡継電器の動作が困難になり，また健全相の対地電圧上昇が大きくなる。低抵抗接地方式では地絡電流が大きくなるため通信線への電磁誘導が大きくなるので高速に遮断しなければならない。

4. 直接接地方式

この方式は送電線路の中性点を直接金属線で接地するもので，超高圧送電系統に採用されており，地絡電流が大きいため**継電器の動作が確実**で，一線地絡時の健全相対地電圧上昇が小さくなるため線路や機器の絶縁強度を低く押えることができる。そのため，建設費などが小さくなる利点はあるが，地絡電流が大きくなるので**電磁障害**や機器の損傷防止のため**高速に遮断**しなければならない。

5. 消弧リアクトル接地方式

この方式は，対地充電電流を消弧リアクトルに流れる電流により補償するものである。一線地絡の際，地絡点のアークを自然消滅させるので地絡箇所の損傷が小さく，通信線への電磁誘導障害も小さくなるなどの利点はあるが，共振点に近いタップでは平常時に直列共振を起こして異常電圧を発生するおそれがあるので，通常は共振点よりはずれたタップ選定としている。

6. 等電位接地（等電位ボンディング）

病院で患者がベッドなどの金属に触れた場合，ベッドなどの金属体に電位差が生じないように予め建物の給水管や窓枠などと患者が触れるおそれのある金属体を電気的に接続して接地して，**両金属管に電位差**が生じないようにして患者への電気的ショックを防止する。

7. 接地抵抗値の低減方法

従来行われてきた方法には，接地電極周辺に塩水を注水したり，木炭の粉末を投入したりする方法があったが，「塩水を注水」では降雨による希釈や流出などで持続性がないことが欠点で，「木炭の粉末」では銅などの電極を腐食させるのが難点であった。こうした欠点を補うために**接地抵抗低減剤**が使用されるようになった。接地抵抗低減剤は，大地内に埋設された接地極の周りに化学的処理によって疑似電極を形成させるもので，これにより接地極は見かけ上の表面積が大きくなり，接地抵抗値が低減する。接地抵抗低減剤に要求される必要条件は次のようなものが挙げられる。

① **安全**であること
② 電気的に**良導体**であること
③ **持続性**が長いこと
④ 電極を**腐食**させないこと
⑤ **作業性**が良いこと

8. 避雷設備の構造体接地

「建築基準法」第33条によれば，**高さ 20 m** を超える建築物には高さ 20 m を超える部分を雷撃から保護できるような避雷設備を設けなければならないと定められている。避雷方法は国土交通省令により，JIS A 4201（建築物等の雷保護）－2003 に詳しく定められている。避雷設備には雷電流を安全に逃がす接地極が必要となるが，建築物等の雷保護の規定の中に，**鉄筋コンクリート造**，**鉄骨鉄筋コンクリート造**などの地中部分にある鉄などの構造体は，**接地極**として利用することができると規定されている。これを，避雷設備の**構造体接地**という。

31. 制御関連

【重要問題 48】

電気工事に関する次の用語の**技術的な内容**を具体的に**2つ**記述しなさい。ただし，技術的な内容とは，施工上の留意点，選定上の留意点，定義，動作原理，発生原理，目的，用途，方式，方法，特徴，対策などをいう。

1. シーケンス制御
2. フィードバック制御
3. プロセス制御
4. 電動機のインバータ制御
5. 電力デマンド監視制御
6. 建物の中央監視制御
7. 事務室照明の昼光制御
8. サーマルリレー
9. インターロック

解答

1. シーケンス制御

動作の**順序と条件をあらかじめ決めておく**のがシーケンス制御と呼ばれる制御法である。シーケンス制御は，「始動」及び「停止」，「入」及び「切」などの動作となるので，オンオフ制御に属する。三相誘導電動機の Y－△始動法は代表的なシーケンス制御である。

2. フィードバック制御

フィードバックとはある結果からその原因の修正が限りなく循環する動作をいう。この動作を行うためには回路は閉じている必要があり**閉ループ**と呼ばれている。このフィードバックから制御量の値を目標値と比較して，制御量と目標値とが一致するように訂正動作を行うのがフィードバック制御と呼ばれている制御方式である。

3. プロセス制御

工場の生産過程において，液面の高さ，温度，流速，流量などを**開閉器の開閉**によって制御することを**プロセス制御**という。プロセス制御は目標値が一定の定値制御が多いが，追従制御，プログラム制御，比率制御及びカスケード制御も用いられる。

4. 電動機のインバータ制御

インバータ制御は，**コンバータ**と**インバータ**で構成される。**インバータの負荷が誘導電動機の場合は，電動機の端子電圧と周波数の比がほぼ**一定になるように制御される。この制御方式では，低周波領域で電動機の発生トルクが低下する問題が生じる。これを防止するため低周波運転時にインバータ出力電圧を高くする機能を付加している。

5. 電力デマンド監視制御

需要場所の電力の使用状況を常時監視し，使用電力が電力供給会社との契約**最大電力値**を超えないように，ピーク時の負荷を制限することにより，対電力供給会社への違約金支払防止および契約最大電力値の低減による電力基本料金の節減を目的として行う制御である。デマンド監視状況により最大電力値が超えそうな場合には，重要度の低い負荷より切り離しを行い，デマンド値が設定値を超えないような制御を行う。

6. 建物の中央監視制御

建物の中央監視制御は，建物内の各設備機器の**運転状態**や**異常**を**監視**し，表示，記録，操作などを行う。また，照明や空調をスケジュール制御したり**電力デマンド制御**など，システム全体にかかわる制御も行う。また，セキュリティ・防災システムも組み込まれ，建物内の防犯監視や出入管理，出入履歴の蓄積，防犯センサー等の接続により不正侵入の発見，警備会社への移報などを行う。

7. 事務室照明の昼光制御

昼光の入る窓ぎわや，ランプの交換や清掃の直後は，事務室は必要以上に明るくなっている。昼光を最大限利用しながら照度をコントロールする省エネ型の照明制御システムが事務室照明の昼光制御である。天井に設置した照度センサーとコントローラーによって必要な照度をコントロールするものである。

8. サーマルリレー

サーマルリレー（熱動素子）は，電動機が故障などにより過電流が生じた場合動作して電磁開閉器の励磁を遮断することにより電動機の焼損を防止するために使用される。**配線用遮断器**よりも**小さな故障電流**で動作するので電動機への被害が最小限に抑えられる特徴がある。

9. インターロック

2つの回路が同時に動作しないようにする回路である。相手のリレーに他方のリレーのb接点を挿入してあるので，どちらかが動作しているときは必ず他方は**不動作状態**となっている。インターロックには，運転インターロック，始動インターロック，時限インターロック等がある。

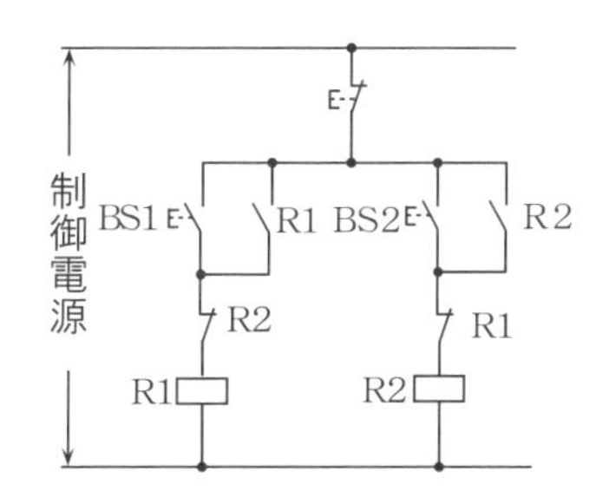

第4章 電気工事に関する用語

32. 通信関連その1

【重要問題49】

電気工事に関する次の用語の**技術的な内容**を具体的に**2つ**記述しなさい。ただし，技術的な内容とは，施工上の留意点，選定上の留意点，定義，動作原理，発生原理，目的，用途，方式，方法，特徴，対策などをいう。

1. LAN
2. LANのファイヤーウォール
3. ルータ
4. LANのハブ
5. LANのパッチパネル
6. UTPケーブル
7. 10 BASE-T
8. 100 BASE-TX
9. 1000 BASE-T

解答

1. LAN

LAN（Local Area Network）は，同一建物内，同一敷地内など，**比較的狭い地域**に分散配置された**コンピュータ・ネットワーク**である。LANの接続形態には，小～大規模ネットワーク用のリング型，小～大規模ネットワーク用のループ型，小～中規模ネットワーク用のバス型，小～中規模ネットワーク用のスター型がある。

2. LANのファイヤーウォール

ファイヤーウォールは，インターネットを通じて外部から使用しているパソコンに**不正に侵入されるのを防ぐ**目的で利用される。ファイヤーウォールは，外部から侵入しようとするパケットを跳ね返す機能がある。ファイヤーウォールは，内部からアクセスした先からのパケットは受け入れ，そのほかのパケットは跳ね返すという仕組みを利用している。

3. ルータ

ルータとは，物理層とデータリンク層が異なる**複数のLAN**を同一のネットワークアーキテクチャで**相互接続**する**中継機能**を持つネットワーク機器である。主な役割は，データの経路の選択をするルーティング機能，データ転送・中継機能など，通信相手となる最終端のシステムと通信経路を確立する。

4. LANのハブ

ツイストペアケーブルを収容する**集線装置**を一般的にはHUB（ハブ）という。ハブに接続できる機器の数はハブに実装されているモジュラージャックのポートの数で制限されるので，接続する機器が多い場合には複数のハブを接続してポート数を増やす必要がある。

5. LANのパッチパネル

パッチパネルは，HUBなどの**LAN機器**を**一次側モジュラーパッチ**に，**アウトレット**を**二次側モジュラーパッチ**にして構成され，パッチ間はパッチケーブルで接続されている。パッチパネルの利点としては，パッチ・アウトレットを多対ケーブルで接続することによりケーブル配線数を削減する事が出来る。また，先行配線する事により，オフィスレイアウトの変更などの場合には，パッチパネルの切り替えだけで，レイアウト変更が簡単に出来る。オフィス配線する場合には，導入したほうが便利となる。

6. UTPケーブル

シールドが施されていない**ツイスト・ペア・ケーブル**をUTP（Unshielded Twisted Pair）ケーブルと言い，電話線や**イーサネット**などで使われる。取り回しが簡単で安価なため，特に高速伝送を求められないイーサネットのLAN用途に標準的に使用されている。

7. 10 BASE-T

10 BASE-Tはイーサネットの種類で，**2対式UTPケーブル**（2対4芯非シールドより対線）を使用して，スター形のイーサネットにハブを介してネットワークを構成する。伝送速度は**10 Mbps**で，10 BASE-Tのケーブルの最大距離は 100 m までと定められている。また，ハブをカスケード接続した場合は 4 段までという制限がある。

8. 100 BASE-TX

100 BASE-TX はイーサネットの種類で，**UTP ケーブル**（カテゴリー 5）を使用して，スター形のイーサネットにハブを介してスター型ネットワークを構成する。伝送速度は **100 Mbps** で，100 BASE-TX のケーブルの最大距離は 100 m までと定められている。

9. 1000 BASE-T

1000 BASE-T はイーサネットの種類で，**UTP ケーブル**（カテゴリー 5 等）を使用して，スター形のイーサネットにハブを介してスター型ネットワークを構成する。LAN ケーブル（4 対 8 本）をすべて使用した場合の伝送速度は **1000 Mbps** で，**1000 BASE-T** のケーブルの最大距離は 100 m までと定められている。

33. 通信関連その2

【重要問題50】

電気工事に関する次の用語の**技術的な内容**を具体的に**2つ**記述しなさい。ただし，技術的な内容とは，施工上の留意点，選定上の留意点，定義，動作原理，発生原理，目的，用途，方式，方法，特徴，対策などをいう。

1. 情報コンセント
2. デジタル伝送方式
3. 光ファイバ分散制御インターフェース（FDDI）
4. 光ファイバケーブル
5. 光ファイバケーブルの接続
6. テレビ共同受信設備の直列ユニット

解答

1. 情報コンセント

情報コンセントは，**情報伝送路**からの**情報取り出し口**をいう。情報コンセントで使用される伝送媒体は同軸ケーブルとツイストペアケーブルが多いので，コンセントとしてのコネクターの形状は同軸ケーブルでは，C 15 コネクター，ツイストペアケーブルでは RJ-45 などが使用される。

2. デジタル伝送方式

デジタル伝送方式は音声や画像などの情報を**「0」と「1」の離散的なビットに符号化**して伝送する方式である。電話などのアナログ伝送に比べて雑音やひずみの影響が少なく，また，コンピュータとの相性がよいので高速で高品質なネットワークの構築が容易となる。デジタル伝送方式は音声や画像などのアナログ信号を「0」と「1」のデジタル信号に変換しなくてはならないが，アナログ信号をデジタル信号に変換することを符号化といい，PCM 方式などが用いられている。PCM 方式では，アナログ信号を標本化→量子化→符号化によりデジタル信号に変換する。

3. 光ファイバ分散制御インターフェース（FDDI）

光ファイバ分散データインターフェイス（FDDI）は，光ファイバケーブルを使用して100 Mbpsの速度で伝送を行う高速LANである。FDDIの伝送路は2重化できるので，リングの一部が切断されても，別のリングに自動的に切り替わるため**信頼性が高いネットワーク**となる。

4. 光ファイバケーブル

光ファイバケーブルは，石英又はプラスチックを素材とした中空ケーブルで，中心部（コア）の屈折率を周辺部（クラッド）よりも高くすることにより光を伝送できるものである。光ファイバケーブルは電力回路からの**誘導を受けない**ほか，伝送路における損失が少ないなどの特長を有するため，長距離・大容量情報の通信伝送路に適している。

5. 光ファイバケーブルの接続

光ファイバケーブルの接続は，大きく分けると2種類に分類するこができる。

① **融着による方法**

ガラス製の光ファイバは，ファイバの先端部を一定の温度以上に熱して**融解**させ，接続させたい光ファイバの先端部同士を接着することで接続することが可能である。このような接続方法を**融着**という。融着はコネクタ接続と比べると，**接続部の信号減衰が少ない**，**接続に必要なスペースが少ない**というメリットがある。しかし，一度接続してしまうと**簡単に切り離すことができない**，**接続部分が衝撃に弱く**なるといった問題点がある。そのため，接続部分は通常端子箱や成端箱等に収める。

② **コネクタ接続**

光ネットワークの構成を**変更する頻度が高い場所**では，光ケーブル同士をコネクタで接続する場合が多い。接続する場合には，光コネクタ形状や先端の**研磨方法**の**種類が一致**している必要がある。

6. テレビ共同受信設備の直列ユニット

テレビ共同受信設備の**直列ユニット**は，アンテナ端子として使うもので，電波を上の階から順番に各部屋に分配する。構造的には**分岐器**と整合器を単体にまとめたもので，1端子型，2端子型などがある。電波を他の階に送る場合には，中間用を使用し，最終階では端末用を使用する。

34. 消防関連その 1

【重要問題 51】

電気工事に関する次の用語の**技術的な内容**を具体的に**2つ**記述しなさい。ただし，技術的な内容とは，施工上の留意点，選定上の留意点，定義，動作原理，発生原理，目的，用途，方式，方法，特徴，対策などをいう。

1. 定温式スポット型感知器
2. 差動式スポット型感知器
3. 煙感知器
4. 光電式スポット型感知器

解答

1. 定温式スポット型感知器

定温式スポット型感知器は，内部の感熱部が，火災の熱により一定の温度以上になると作動する。感熱部は，**バイメタル**という 2 種類の熱膨張率の異なる金属板を貼り合わせたものを使用し，一定温度での曲がり具合によって，電気的な接点が閉じて火災信号を発信する。現在では，**サーミスタ**を使用した方式もある。

2. 差動式スポット型感知器

差動式スポット型感知器は，感知器の**周囲の温度が一定の上昇率**以上となったときに作動するもので，一局所の熱効果により感知するものをいう。感度により，2 種と 2 種より感度が高い 1 種とがある。感知器の動作原理には，空気の膨張を利用したものと，熱起電力を利用したものがある。図に示す空気の膨張を利用した差動式スポット型感知器は，火災のときの急激な温度上昇により，感熱室の空気が加熱され膨張するとダイヤフラムを上に押し上げ接点を閉じて火災信号を発信する。温度上昇が急激ではない場合には，膨張した空気はリーク孔から逃げるため接点は閉じないので，誤動作が防げられる。

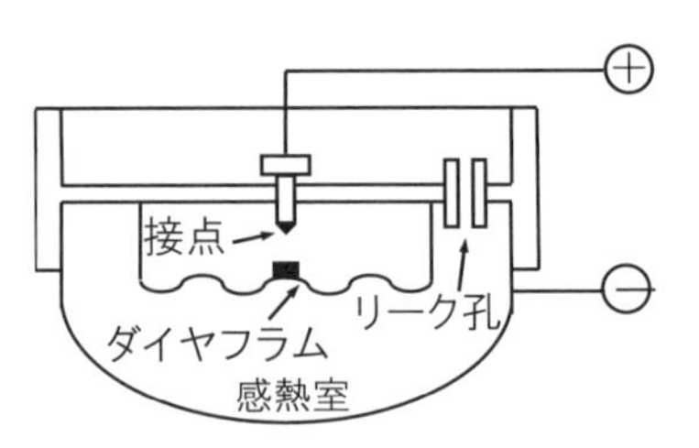

差動式スポット型感知器

3. 煙感知器

火災による煙を感知して火災を発見する感知器で，**イオン化式**と**光電式**に区分され，さらに非蓄積型のものと蓄積型のものがある。**非蓄積型**とは，**煙の瞬間的な濃度**を検出して作動するものであり，**蓄積型**とは，**一定の濃度以下**の煙が**一定時間以上継続**したときに作動するものである。蓄積型の蓄積時間は，5秒を超え60秒以内，公称蓄積時間は，10秒以上60秒以内で10秒刻みと規定されている。イオン化式スポット型の性能と光電式スポット型の性能を併せもつ煙感知器を煙複合式スポット型という。

4. 光電式スポット型感知器

周囲の**空気が一定以上の煙を含む**ときに作動する感知器である。図に示すように，周囲の光を完全に遮断し，煙だけが侵入できる暗箱の発光部から光束を照射する。煙がないときには，散乱がないため受光部では光を感知しないが，煙が侵入すると煙粒子により光が散乱現象を起こし受光部での受光量の増加を検知し火災信号を発信する。

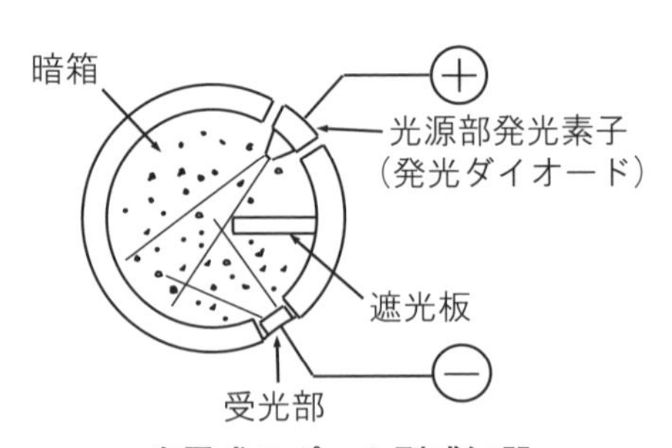

光電式スポット型感知器

35．消防関連その２

【重要問題 52】

電気工事に関する次の用語の**技術的な内容**を具体的に**２つ**記述しなさい。ただし，技術的な内容とは，施工上の留意点，選定上の留意点，定義，動作原理，発生原理，目的，用途，方式，方法，特徴，対策などをいう。

1．光電式分離型感知器
2．自動火災報知設備の炎感知器
3．自動火災報知設備の受信機
4．自動火災報知設備のＲ型受信機
5．誘導音付き点滅形誘導灯
6．共同住宅用自動火災報知設備

解答

1．光電式分離型感知器

この感知器は図のように，**送光部と受光部の間に煙が充満**すると受光部に到達する光の量が減少するのを測定し作動するものである。この感知器は送光部と受光部の距離は５m～100 m までの公称監視距離の範囲に設置する。

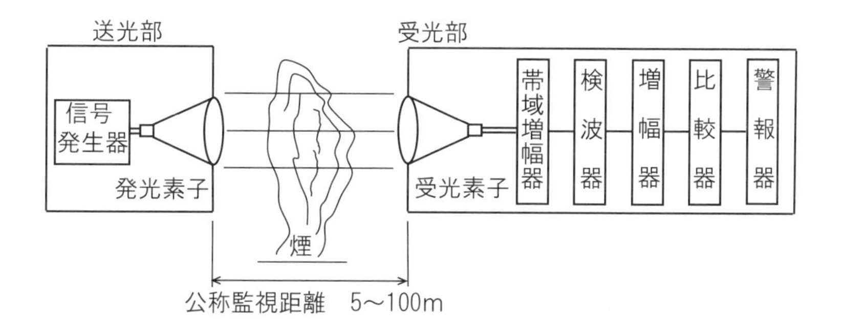

2. 自動火災報知設備の炎感知器

火災により発生する炎から放射される局所の**紫外線**又は**赤外線**を検出して**一定の量以上**となったときに動作するものである。炎感知器は，構造上炎を検出できる範囲が角度（視野角）と距離（監視距離）で規定されていて，感知器には，視野角ごとに検出できる公称監視距離が表示されている。紫外線式スポット型感知器は，炎から放射される一局所の紫外線の変化が一定の量以上になったとき作動するものである。また，赤外線式スポット型感知器は，炎から放射される一局所の赤外線の変化が一定の量以上になったとき作動するものである。

① **赤外線式炎感知器**は，炎から発生する光のうち，炭酸ガス（CO_2）から共鳴放射される，波長4.4 μm 付近の**赤外線**を検出する。炎から発生する赤外線は，人工照明や高温物体から放射される赤外線のように安定せず，ちらつく特徴があるので，火災との区別に利用されている。太陽光にはちらつく赤外線が含まれているので，直射日光の差し込まない場所に設置される。

② **紫外線式炎感知器**は，炎から発生する光のうち，波長0.2 μm 付近の**紫外線**を検出する。検出素子には，UV トロンと呼ばれる外部光電効果を利用した放電管が使用されていて，受光した紫外線をパルスとしてカウントし，一定値以上になると火災と断定する。紫外線は太陽光だけでなく，ハロゲン灯や水銀灯などの照明光などにも含まれているので，これらの届かない場所に設置される。

3. 自動火災報知設備の受信機

火災の発生を防火対象物の関係者へ報知するための消防法上の装置で，感知器や発信機からの火災信号を受信する受信機である。火災信号を受信すると地区音響を鳴動させ関係者又は消防署に報知するものをいう。

4. 自動火災報知設備の R 型受信機

R 型受信機とは，感知器若しくは発信機から発せられた火災信号又は感知器から発せられた火災情報信号を直接又は中継器を介して固有の信号として受信し，火災の発生を防火対象物の関係者に報知するものをいう。各回線共通の配線で受信できるので，回線数は少なくて済む。R 型受信機は 2 回線から火災信号を同時に受信したときも，火災表示をすることが出来る。R 型の火災受信機は，感知器や発信機に中継器を取り付け，火災信号を**固有番号**（アドレス）情報に変換し，**伝送信号**（通信）にて**受信**する。必要とされる機能はＰ型１級受信機と同等であるが，火災発生の警戒区域又は端末個々の**表示はデジタル値**で表示される。Ｐ型と異なり固有信号による伝送方式なので信号線を少なくできる特長がある。

5．誘導音付き点滅形誘導灯

誘導音付き点滅形誘導灯は消防法施行規則に規定されており，聴覚や視覚に障害を持つ人が多く出入りする病院などに施設され，次のように施設することになっている。

① 屋内から直接地上へ通ずる出入口及び直通階段の出入口以外の誘導灯には設けてはならないこと。

② 自動火災報知設備の感知器の作動と連動して起動すること。

③ 避難口から避難する方向に設けられている自動火災報知設備の感知器が作動したときは，当該避難口に設けられた誘導灯の点滅及び音声誘導が停止すること。

6．共同住宅用自動火災報知設備

共同住宅の居室や共用部において火災が発生した場合，火災感知器の火災発生信号が共同住宅の管理会社の集中管理室，共同住宅の管理室及び警備会社などに設置されている火災受信機で火災信号を一括管理する設備である。火災感知器，自動火災報知設備及び屋外表示器等で構成されている。

36. 電気鉄道関連その1

【重要問題53】

電気工事に関する次の用語の**技術的な内容**を具体的に**2つ**記述しなさい。ただし，技術的な内容とは，施工上の留意点，選定上の留意点，定義，動作原理，発生原理，目的，用途，方式，方法，特徴，対策などをいう。

1. 架空式の電車線
2. カテナリちょう架式
3. 電車線のトロリ線
4. トロリ線の摩耗軽減策
5. 電車線のトロリ線の偏位

解答

1. 架空式の電車線

電車に直接電気を供給するトロリ線，ちょう架電線，ハンガ及びそれらの支持物などの工作物をいう。トロリ線とパンタグラフが接触することによって電車に電気が供給される。架空単線式では，トロリ線から電車のモータ回路を経て線路に電流が流れて変電所に電流が戻るようになっている。

2. カテナリちょう架式

① シンプルカテナリ方式はカテナリちょう架方式では最も簡単な構造となっている。中速，中負荷用に適する。適当な間隔で張力調整装置を設ける。トロリ線はハンガの先端のイヤーによって取り付けられる。ハンガとイヤーが一体となっているものをハンガイヤーという。

② ツインシンプルカテナリ式は，シンプルカテナリ2組で構成され，高速運転区間や重負荷区間に用いられる。

③ 変形Y形シンプルカテナリ式は，支持点下のパンタグラフ通過に対する硬性を軽減して，離線とアークを少なくしたもので，高速運転区間に用いられる。

④ コンパウンドカテナリ方式（複カテナリ方式）は速度性能に優れ，高速運転区間に用いられる。

⑤　ヘビーコンパウンドカテナリ式は，コンパウンドカテナリの各線条の太さ及び張力を大きくした形式で，高速運転時の架線振動及びパンタグラフの離線と上下動揺が少なく，新幹線等の超高速運転区間に用いられる。

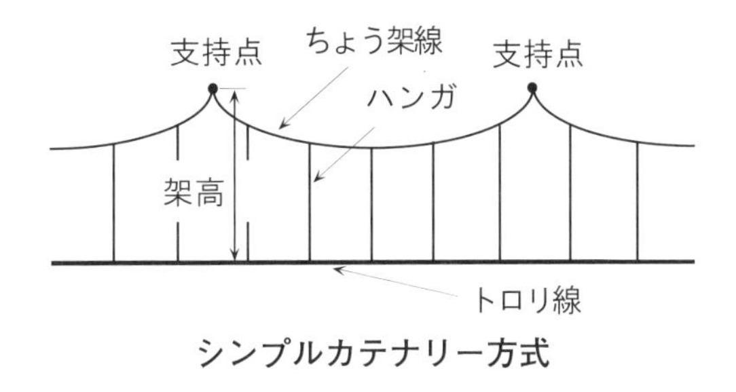

シンプルカテナリー方式

3．電車線のトロリ線

トロリ線は，電車の**集電装置へ電力を供給**する電線である。トロリ線は，銅又は銅合金で作られており，要求される性能としては，導電率が高いこと，耐磨耗性が高いこと，耐熱性が高いことが求められる。

4．トロリ線の摩耗軽減策

①　トロリ線のこう配変化を少なくする。
②　トロリ線の取付け金具を軽量化する。
③　張力自動調整装置を設ける。
④　ダンパハンガを使用する。

5．電車線のトロリ線の偏位

トロリ線がパンタグラフのすり板に対して常に同じ位置で給電すると，すり板には凹状に磨耗してすり板の寿命が短くなる。そこで，トロリ線の架設を軌道中心に対して**左右ジグザグ**になるように**偏位させて架設**する。これをジグザグ偏位という。トロリ線の偏位が大きくなりすぎるとパンタグラフとトロリ線の接触が悪くなり事故の原因となるので，偏位は 250〜300 mm 程度以下となるように規定されている。

37. 電気鉄道関連その2

【重要問題54】

電気工事に関する次の用語の**技術的な内容**を具体的に**2つ**記述しなさい。ただし，技術的な内容とは，施工上の留意点，選定上の留意点，定義，動作原理，発生原理，目的，用途，方式，方法，特徴，対策などをいう。

1. 電気鉄道のき電線
2. 電気鉄道の帰線
3. き電方式
4. ATき電方式（き電回路の単巻変圧器）
5. BTき電方式
6. 吸上変圧器

解答

1. 電気鉄道のき電線

トロリ線に電気を供給するのが，**き電線**である。直流電化区間のき電線には，硬銅より線，硬アルミより線，鋼心アルミより線などが用いられる。実際にトロリ線にき電する線をき電分岐線といい，先端にはフィードイヤーが取り付けられる。き電線は要所要所に開閉設備を設け，停電・き電の系統の切り分けができるようにする。

2. 電気鉄道の帰線

帰線とは**電気が変電所に戻るまでのルート**であり，一般的には線路そのものを使って変電所付近まで通って，吸上げ装置等で変電所に戻る。トロリ線より給電された電流を変電所に戻すための設備で，直流区間では走行用レールが用いられる。通常レールは鉄製なので銅に比べて電気抵抗が大きく，走行区間における電圧降下や電力損失が大きくなるために，レール継目はボンドにより電気的接続を良くする。また必要によって補助帰線が用いられる。

3. き電方式

き電方式には，**直流き電方式**と**交流き電方式**の2種類がある。

①直流き電方式は，シリコン整流器等で三相交流電力を直流電力に変換し，**回生電力**を高圧配電負荷に有効利用する場合，サイリスタインバータを変電所に設備する。直流き電では**電食**に対する対策が必要である。電食の原因は，電気車帰電流の一部がレールより大地に流れる漏れ電流である。帰線路の電気抵抗が高いと，電圧降下が大となり，漏れ電流が増大して，電食の原因となる。

②交流き電方式の交流き電回路には**AT き電方式**（単巻変圧器き電方式）及び**BT き電方式**（吸い上げ変圧器き電方式）などがある。交流き電方式は各変電所間に電圧の位相差が生じるので，基本的に並列き電は行わず，単独き電が行われる。三相交流電源側に発生する電圧変動は，短絡容量の大きい電源から受電する又は**静止形無効電力補償装置**を設置することが有効で，電圧不平衡を軽減する方法はスコット結線変圧器におけるM座とT座の負荷電力の差を小さくするのが有効である。

4. AT き電方式（き電回路の単巻変圧器）

AT き電方式は図1に示すように，**通信誘導障害防止対策**として巻数比1：1の**単巻変圧器**(Auto transformer)を用いるき電方式である。この方式はレールからの漏れ電流を軽減するとともに，漏れ電流による誘導障害がお互いに打ち消し合うような回路構造となっている。わが国では，従来BT き電方式が採用されてきたが，現在ではAT き電方式が採用されている。

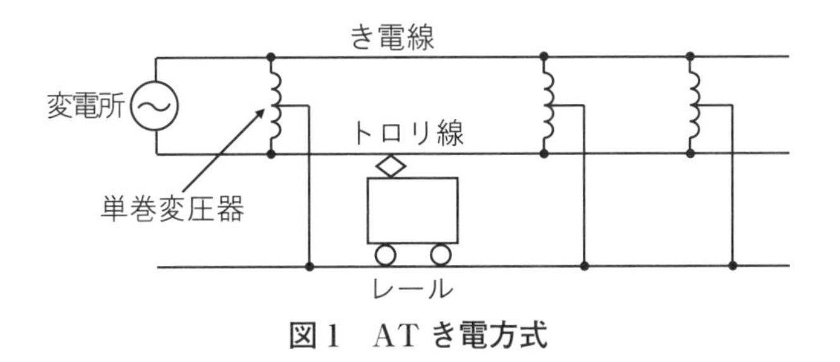

図1　AT き電方式

5. BT き電方式

BT き電方式は図 2 に示すように，**通信誘導障害防止対策**として**吸上変圧器**（Boster transformer）を用いるき電方式である。吸上変圧器は**巻数比 1：1** の変圧器で，一次側はトロリ線に，二次側は負き電線に接続される。

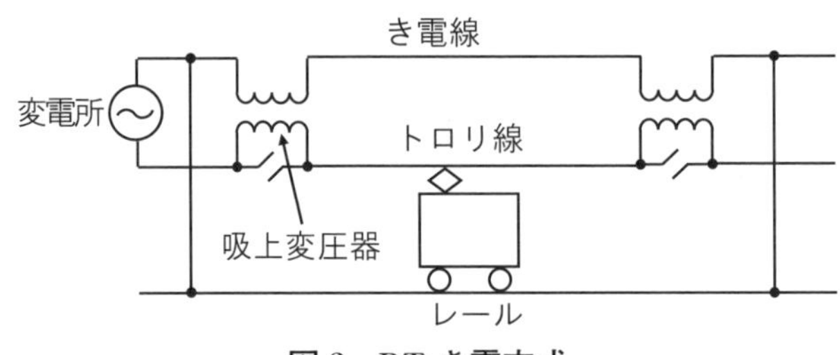

図 2　BT き電方式

6. 吸上変圧器

巻数比が 1：1 の変圧器である**吸上変圧器**は **BT き電方式**に用いられる。BT き電方式において吸上変圧器が無い場合の電流の流れは，図において，変電所→ 1 → 2 →電車→ 3 → 4 → 5 → 6 →変電所となって，図 3 の 45 区間においてレールに電流が流れる。吸上変圧器の巻数比が 1：1 なので，吸上変圧器の一次電流と二次電流がほぼ等しくなり，吸上変圧器が有る場合の電流の流れは，変電所→ 1 →吸上変圧器一次側→ 2 →電車→ 3 → 4 →吸上変圧器二次側→ 6 →変電所となって，45 区間において電流がほとんど流れなくなる。

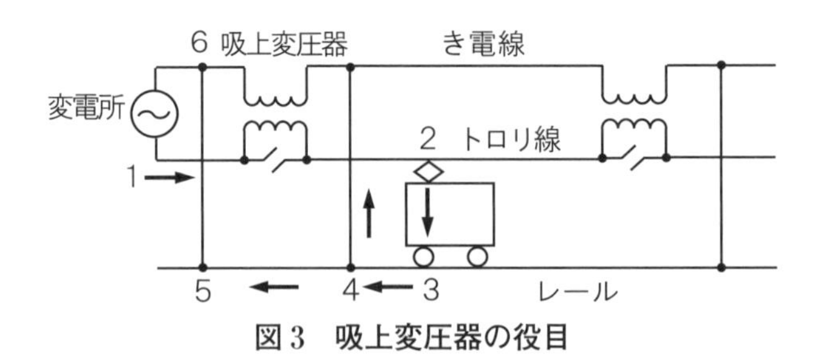

図 3　吸上変圧器の役目

38. 電気鉄道関連その３

【重要問題 55】

電気工事に関する次の用語の**技術的な内容**を具体的に**２つ**記述しなさい。ただし，技術的な内容とは，施工上の留意点，選定上の留意点，定義，動作原理，発生原理，目的，用途，方式，方法，特徴，対策などをいう。

1．電気鉄道のボンド
2．電気鉄道の軌道回路

解答

1．電気鉄道のボンド

鉄道におけるボンドは**レール継ぎ目**における**電気的接続**を良くするために継ぎ目を電気導体で橋絡したものをいう。

① **インピーダンスボンド**

鉄道信号では，走行レールを帰線路に使っているから，レールには信号電流と帰線電流が重なって流れる。このため，軌道回路の境界点では帰線電流のみを通して，信号電流は隣接軌道回路に流入しないようにする必要がある。インピーダンスボンドは**信号電流を隣接する閉そく区間へ流入させない働き**がある。

② **信号ボンド**は，**軌道回路電流**に対する**レール継目部分の電気抵抗を小さく**するために用いる導体である。

③ **レールボンド**は，**電気車電流**に対する**レール継目部分の電気抵抗を小さく**するために用いる導体である。

④ **クロスボンド**

クロスボンド（横ボンド）は**帰線抵抗を減少**させ，かつ電流を平衡させるために隣接軌道間又は左右のレール間との間を接続する導体をいう。

2. 電気鉄道の軌道回路

軌道回路はレールを利用して，**レール間**を列車の**車軸で短絡**することで，継電器を**励磁**又は**無励磁**とすることにより，列車の検知を行う。電気列車では帰線電流と信号電流を区別するためにインピーダンスボンドが設けられる。閉電路式は図2に示すように，常時軌道リレーを励磁の状態にさせておき，図3のように列車が入ると車軸により回路が短絡して軌道リレーを無励磁の状態にさせることによって列車を検知する。この方式はレール折損等があった場合でも常時安全側に働くので保安度が高く広く採用されている。

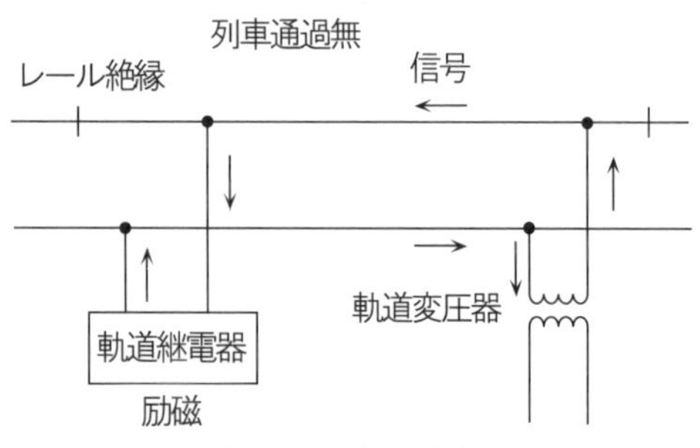

図2　列車通過無

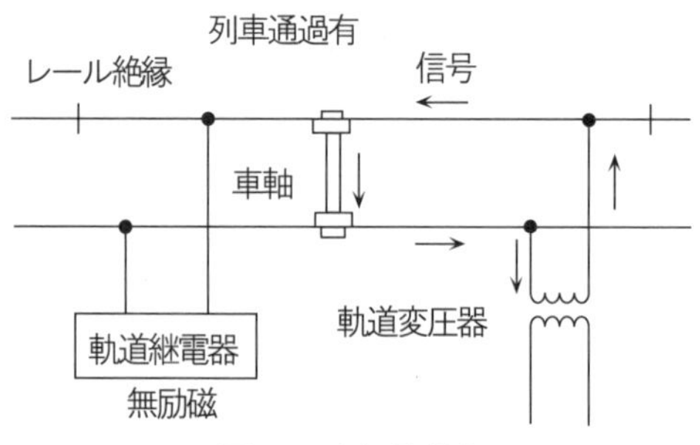

図3　列車通過有

39. 電気鉄道関連その4

【重要問題56】

電気工事に関する次の用語の**技術的な内容**を具体的に**2つ**記述しなさい。ただし，技術的な内容とは，施工上の留意点，選定上の留意点，定義，動作原理，発生原理，目的，用途，方式，方法，特徴，対策などをいう。

1. サードレール式電車線路
2. 列車自動化装置
3. 鉄道の信号装置
4. 電気鉄道の閉そく装置

解答

1. サードレール式電車線路

走行レールに平行にサードレール（第3レール）と呼ばれる**導電用レール**を設けて，電車の台車側面に突き出ている集電靴（しゅうでんか）によってサードレールから集電する方式である。集電方式には，上面接触式，下面接触式及び側面接触式がある。サードレール式は，集電容量が大きくて，支持構造が簡単でありトンネルの高さが低くてすむため建設費が安くすむ利点がある。しかし，軌道に充電した導体がおかれているので常に感電の危険性が高いので，地下式や高架式など容易に人が立ち入れないような鉄道に対してのみ，その設置が認められている。使用電圧は，直流750V，交流600Vに定められている。

2. 列車自動化装置

① ATS（自動列車停止装置）

自動列車停止装置は列車が停止信号に接近したとき，所定の位置で停止操作が行われないときに**自動的に列車を停止**させる。また，所定の位置において一定の速度を超えて列車が走行している場合に自動的に列車を停止させる。

第4章 電気工事に関する用語

② ATC（自動列車制御装置）

自動列車制御装置は速度制限区間において，列車速度が制限速度以上になると自動的にブレーキをかけて列車の速度を減速させる。この制御では，列車の運転手は列車の起動と加速を行うことが出来る。

③ CTC（列車集中制御装置）

運転指令所に列車の運行状況や進路等を表示し，同時に進路を遠隔制御することにより列車の運行を一元的に管理する装置をいう。

④ ATO（自動列車運転装置）

列車の速度制御，停止などの運転操作を自動的に制御する装置をいう。

⑤ ARC（自動進路制御装置）

列車又は車両の進路設定をプログラム化して自動的に制御する装置をいう。

3. 鉄道の信号装置

鉄道に使用される信号は，信号，合図，標識に区分され，これを鉄道信号と総称される。信号は，形，色，音などによって運転状態を指示するもので信号を表す装置が信号機である。

① 主信号機の種類には，場内信号機，出発信号機，閉そく信号機，誘導信号機，入替信号機がある。

② 従属信号機には，遠方信号機，通過信号機，中継信号機がある。

③ 主信号機に付属して条件を補足するための信号機は信号付属機とよばれ，進路表示機などを総称したものである。

4. 電気鉄道の閉そく装置

線路をある長さの区間ごとに区切り，1区間内に1列車しか進入を許さないことを閉そくという。また，個々の区間を閉そく区間という。1閉そく区間に対して他の列車を同時に運転させない方式を閉そく方式といい，これを行う装置を閉そく装置という。

40. 道路設備関連

【重要問題 57】

電気工事に関する次の用語の**技術的な内容**を具体的に**2つ**記述しなさい。ただし，技術的な内容とは，施工上の留意点，選定上の留意点，定義，動作原理，発生原理，目的，用途，方式，方法，特徴，対策などをいう。

1. 交通信号機の感応制御
2. 交通信号機の全感応制御
3. 交通信号機の定周期式制御
4. 交通信号機の半感応制御
5. 道路信号のスプリット
6. ループコイル式車両感知器
7. 超音波式車両感知器
8. カテナリ照明方式
9. トンネル照明
10. トンネルの入口部照明
11. トンネルの出口部照明
12. 道路トンネルの照明方式
13. トンネル照明のブラックホール現象

解答

1. 交通信号機の感応制御

道路の交通量を車両感知器で計測し，各流入路の**信号時間を制御**するものである。**全感応制御，定周期式制御，半感応制御などがある。**

2. 交通信号機の全感応制御

全感応制御とは，**交差点のすべての流入路**について，交通量を車両感知器で計測し，各流入路の**青信号時間を制御**する方式である。交通量の変動が大きく予測が付かない交差点に適した制御法である。各時点に応じたきめの細かい交通量の制御が出来るが，コストが高いのが欠点である。

3. 交通信号機の定周期式制御

定周期制御は，各種信号制御方式の中で最もシンプルな方式で，現在運用されている信号制御の大半を占めている。あらかじめ設定された**サイクル長，スプリット**のプログラムどおりに**信号表示が繰り返される方式**である。そこで予め予測しておいたプログラムをいくつか用意しておき，交通量の変化する時間帯ごとにタイマによりプログラムを切り替えて交通量の変化に対応する。しかし，予測不可能な交通量の変化には対応出来ない。

4. 交通信号機の半感応制御

半感応制御は，必要最小限の青信号を従道路側に与えて，その他の時間は主道路側を青信号とする方式のもので，従道路に車両感知器が設置される。この方式では，**主道路側には最小の青時間を保証する**。幹線道路に比較的交通量が少なく交通需要の時間変動の激しい従道路が交差している場所に適する。

5. 道路信号のスプリット

スプリット（時間配分）とは，各方向の交通量に対して，**通行権**が与えられている**サイクル**における**時間**をいい，通常％で表される。

6. ループコイル式車両感知器

ループコイル式は地中に長方形状の感知用の特殊ケーブルを埋設しておき，車両の接近による**ループコイル**の**インダクタンス変化**を利用して車両を感知する方式である。主に駐車場などに用いられる方式である。ループ式は，道路工事などにより障害を受けやすいが，感知精度は他の方式に比べて優れている。

7. 超音波式車両感知器

超音波式は，道路上に設置された送受器から道路面に対し発射された**超音波のパルス**の反射波を送受器で受信する場合に，路面と車両とで反射波に**時間差**を生ずることを利用して車両の存在と通過を検出するものである。

8. カテナリ照明方式

一般に，道路に沿って，中央分離帯に50～100 m くらいの間隔でポールを立てて，そのポールにワイヤーを張ってそれに照明器具を懸垂させて道路を照明する方式である。広い**中央帯**のある道路などの照明に適している。均彩度を良くすることができ，誘導性が良い。ポールの数を少なくすることができるが，風により器具が揺れたり，保守がしにくい欠点がある。

9. トンネル照明

道路のトンネル照明は昼夜問わず照明しておかなければならず，次のように設計をする。

① 夜間の基本照明の**平均路面輝度は，昼間より低く**することができる。

② 晴天時の入口部照明の路面輝度は，**曇天時より高く**する。

③ 一方通行の長いトンネルでは，入口部路面輝度は出口部路面輝度より高くする。

④ 全長 50 m 以上のトンネルにおいては，原則として入口部照明を設ける。

⑤ 基本照明の平均路面輝度は，設計速度が速いほど高い値とする。

⑥ 入口部照明の区間の長さは，設計速度が速いほど大きい値とする。

10. トンネルの入口部照明

入口部照明は，トンネル入口部において基本照明に付加される照明である。昼間時に，トンネル入口部でトンネル内外の明るさの激しい差によって生ずる，見え方の低下を防止するために基本照明を増強する照明で，トンネル入口部に設置する。入口部の路面輝度は，境界部，移行部，緩和部の順に低減できる。

11. トンネルの出口部照明

トンネル内部の明るさに順応した運転者が，トンネル出口部から野外を見ると非常に明るく感じ，トンネル坑口が白い穴のように見える。これを**ホワイトホール現象**と言う。この現象は，トンネル出口付近において通行している前後の車両が重なって見えるため後続の運転者は，直近の車両とその前方の車両とが区別できなくなり，追突などの事故を生じる危険がある。このため，トンネル中央部で暗くした照度を出口が近づくにしたがって徐々に明るくしていき，出口付近の視認性を確保する。

12. 道路トンネルの照明方式

① **対称照明方式**

灯具による配光が図のように道路の縦断面にほぼ対称となるように配置された方式である。**基本照明**や**入口照明**に用いられる。

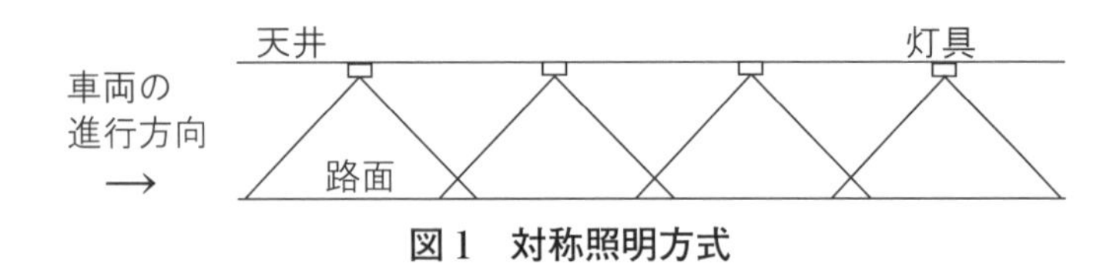

図1　対称照明方式

② カウンタービーム照明方式

車両の進行方向に配光が**対向**するように照明器具が配置された方式である。比較的交通量の少ない**入口**に用いられることが多い。

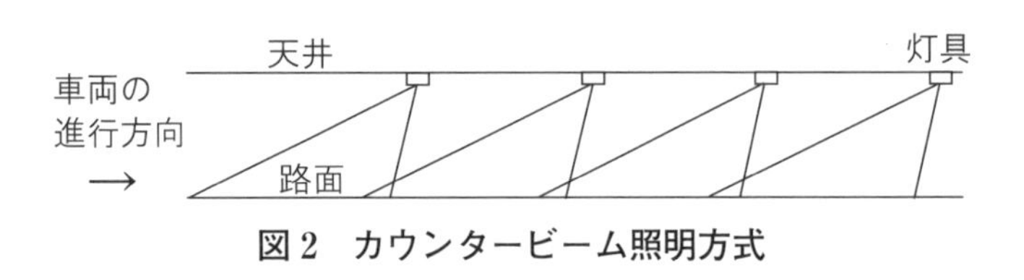

図2　カウンタービーム照明方式

③ プロビーム照明方式

車両の進行方向に配光されるように照明器具が配置された方式である。設計速度の高い**入口**に用いられることが多い。

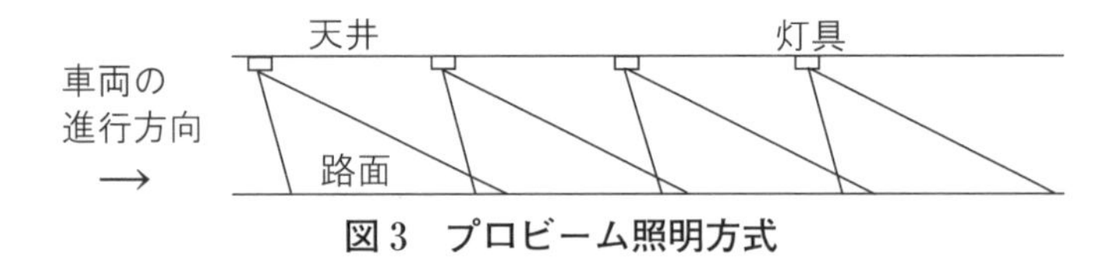

図3　プロビーム照明方式

13. トンネル照明のブラックホール現象

日中，車を運転しているドライバーの目が明るさに順応している場合には，その視野においてある限度以上の輝度を持っている物体は明るさを持って見えるが，その視野においてある限度を下回る輝度しか持たない物体はその物体の持つ実際の輝度に関らず，すべて黒色に見えるという特性を持っている。このため日中，車のドライバーがトンネル内の照度がその周りの視野の照度に比べてある程度低いトンネルに接近すると，**トンネル内が暗黒**に見えるようになりトンネル内部の道路や周辺の知覚情報を認識することができなくなる。このような**視覚異常**の現象を**ブラックホール現象**という。ブラックホール現象を防止するためには，トンネルの入口の輝度を高く設定する。

第5章 法規関連

学習のポイント

出題される法規は最近では，建設業法及び電気事業法からの出題がほとんどです。繰り返し同じ法規が出題されているのでここで取り上げた法規は完全にマスターしましょう。

新検定制度から出題形式が変更され，五肢択一問題となっています。

1．法規関連その1

【重要問題58】

建設業法に関する次の記述の［　　］に当てはまる語句として，「建設業法」上，定められているものはそれぞれどれか。

「この法律は，建設業を営む者の資質の向上，建設工事の［ア］の適正化等を図ることによって，建設工事の適正な施工を確保し，［イ］を保護するとともに，建設業の健全な発達を促進し，もって公共の福祉の増進に寄与することを目的とする。」

ア　①下請契約　②請負代金　③下請代金　④監理契約　⑤請負契約

イ　①注文者　②発注者　③労働者　④現場代理人　⑤監督人

【重要問題59】

建設業の許可に関する次の記述の［　　］に当てはまる語句として，「建設業法」上，定められているものはそれぞれどれか。

「建設業の許可を受けなくても請負える軽微な建設工事とは，工事一件の請負代金の額が建築一式工事にあっては［ア］に満たない工事又は延べ面積が150平方メートルに満たない木造住宅工事，電気工事にあっては［イ］に満たない工事である。」

ア　①500万円　②750万円　③1000万円　④1500万円　⑤2000万円

イ　①150万円　②300万円　③500万円　④750万円　⑤1000万円

【重要問題60】

下請契約に関する次の記述の［　　］に当てはまる語句として，「建設業法」上，定められているものはそれぞれどれか。

「発注者から直接電気工事を請け負い，その工事を，下請代金の額の総額が［ア］万円以上となる下請契約を締結して施工しようとする者は，［イ］の許可を受けた電気工事業者でなければならない。」

ア　①2000万円　②3000万円　③3500万円　④4500万円　⑤6000万円

イ　①特定建設業　②都道府県知事　③一般建設業　④建設業　⑤発注者

【重要問題 61】

請負契約の内容に関する次の記述の［　　］に当てはまる語句として,「建設業法」上，定められているものはそれぞれどれか。

「建設工事の請負契約の当事者は，建設工事の請負契約の原則に従って，契約の締結に際して［ア］等の事項を書面に記載し，署名又は記名押印をして［イ］に交付しなければならない。」

ア　①設計の時期　②請負代金の額　③資材の数　④下請代金　⑤下請契約

イ　①各自　②下請負人　③発注者　④速やかに　⑤相互

【重要問題 62】

請負契約の内容に関する次の記述の［　　］に当てはまる語句として,「建設業法」上，定められているものはそれぞれどれか。

「請負代金の全部又は一部の前金払又は［ア］に対する支払の定めをするときは，その支払の［イ］」

ア　①部分払い　②出来形部分　③下請代金　④資材代金　⑤管理費

イ　①時期及び金融機関　②金融機関及び方法　③方法及び金額　④時期及び方法　⑤金額及び時期

【重要問題 63】

請負契約の内容に関する次の記述の［　　］に当てはまる語句として,「建設業法」上，定められているものはそれぞれどれか。

「当事者の一方から［ア］又は工事着手の延期若しくは工事の全部若しくは一部の中止の申出があった場合における工期の変更，請負代金の額の変更又は［イ］の負担及びそれらの額の算定方法に関する定め」

ア　①下請の変更　②代理人の変更　③設計変更　④見積の変更　⑤工程の変更

イ　①運用経費　②管理費　③違約金　④資材代金　⑤損害

解答

【重要問題 58】	ア	⑤	イ	②	第 1 条
【重要問題 59】	ア	④	イ	③	第 3 条
【重要問題 60】	ア	④	イ	①	第 16 条第 1 項
【重要問題 61】	ア	②	イ	⑤	第 19 条第 1 項
【重要問題 62】	ア	②	イ	④	第 19 条第 1 項五
【重要問題 63】	ア	③	イ	⑤	第 19 条第 1 項六

2．法規関連その2

【重要問題64】

注文者に関する次の記述の [　　] に当てはまる語句として，「建設業法」上，定められているものはそれぞれどれか。

「請負人は，請負契約の履行に関し工事現場に [ア] を置く場合においては，当該 [ア] の権限に関する事項及び当該 [ア] の行為についての注文者の請負人に対する意見の申出の方法を， [イ] により注文者に通知しなければならない。」

ア　① 現場代理人　② 主任技術者　③ 監理技術者　④ 管理人　⑤ 監督員

イ　① 書面　② 口頭　③ 電話　④ 代理人　⑤ 注文者

【重要問題65】

注文者に関する次の記述の [　　] に当てはまる語句として，「建設業法」上，定められているものはそれぞれどれか。

「注文者は，請負人に対して，建設工事の [ア] につき著しく不適当と認められる下請負人があるときは，その [イ] することができる。」

ア　①業務　②管理　③進捗　④施工　⑤監督

イ　①解任を要求　②解任を要請　③交代を要求　④変更を要求　⑤変更を請求

【重要問題66】

元請負人に関する次の記述の [　　] に当てはまる語句として，「建設業法」上，定められているものはそれぞれどれか。

「元請負人は，その請け負った建設工事を施工するために必要な [ア] の細目，作業方法その他元請負人において定めるべき事項を定めようとするときは，あらかじめ， [イ] の意見をきかなければならない。」

ア　① 業務　② 工程　③ 進捗　④ 施工　⑤ 経費

イ　① 監督人　② 下請負人　③ 代理人　④ 監理技術者　⑤ 注文者

【重要問題67】

元請負人に関する次の記述の [　　] に当てはまる語句として，「建設業法」上，定められているものはそれぞれどれか。

「元請負人は，請負代金の出来形部分に対する支払を受けたときは，関係する ア に対して，相応する下請代金を，当該支払を受けた日から イ 以内で，かつ，できる限り短い期間内に支払わなければならない。」

ア ①現場代理人 ②監理技術者 ③下請負人 ④管理人 ⑤監督員

イ ①7日 ②14日 ③21日 ④1月 ⑤2月

【重要問題 68】

工事の下請代金に関する次の記述の □ に当てはまる語句として，「建設業法」上，定められているものはそれぞれどれか。

「元請負人は，前払金の支払を受けたときは下請負人に対して， ア ，労働者の募集その他建設工事の イ に必要な費用を前払金として支払うよう適切な配慮をしなければならない。」

ア ①機器の調達 ②仮設の手配 ③工具の購入 ④資材の購入 ⑤仮設の契約

イ ①見積 ②着手 ③施工 ④完成 ⑤完了

【重要問題 69】

元請負人に関する次の記述の □ に当てはまる語句として「建設業法」上，定められているものはそれぞれどれか。

「元請負人は，下請負人からその請け負った建設工事が完成した旨の通知を受けたときは，当該通知を受けた日から ア 以内で，かつ，できる限り短い期間内に，その完成を確認するための イ を完了しなければならない。」

ア ① 7日 ② 14日 ③ 20日 ④ 30日 ⑤ 40日

イ ① 視察 ② 作業 ③ 書類審査 ④ 目視 ⑤ 検査

解答

【重要問題 64】	ア	①	イ	①	第19条の2第1項
【重要問題 65】	ア	④	イ	⑤	第23条第1項
【重要問題 66】	ア	②	イ	②	第24条の2
【重要問題 67】	ア	③	イ	④	第24条の3
【重要問題 68】	ア	④	イ	②	第24条の3第3項
【重要問題 69】	ア	③	イ	⑤	第24条の4第1項

3．法規関連その3

【重要問題 70】

特定建設業者に関する次の記述の［　　］に当てはまる語句として，「建設業法」上，定められているものはそれぞれどれか。

「発注者から直接建設工事を請け負った特定建設業者は，当該建設工事の下請負人が，その下請負に係る建設工事の施工に関し，この法律の規定又は建設工事の施工若しくは建設工事に従事する［ア］の使用に関する法令の規定で政令で定めるものに違反しないよう，当該下請負人の［イ］に努めるものとする。」

ア　①　現場代理人　②　主任技術者　③　労働者　④　管理人　⑤　監督員

イ　①　監督　②　監視　③　管理　④　指導　⑤　講習の実施

【重要問題 71】

施工体制台帳に関する次の記述の［　　］に当てはまる語句として，「建設業法」上，定められているものはそれぞれどれか。

「発注者から直接電気工事を請け負った特定建設業者は，当該建設工事を施工するために締結した下請契約の請負代金の額（当該下請契約が二以上あるときは，それらの請負代金の額の総額）が［ア］万円以上になるときは，建設工事の適正な施工を確保するため，施工体制台帳を作成し，当該［イ］ごとに備え置かなければならない。」

ア　①　2500　②　3000　③　3500　④　4500　⑤　6000

イ　①　営業所　②　事業所　③　工事現場　④　作業所　⑤　支店

【重要問題 72】

監理技術者に関する次の記述の［　　］に当てはまる語句として，「建設業法」上，定められているものはそれぞれどれか。

「発注者から直接電気工事を請け負った［ア］は，当該建設工事を施工するために締結した下請契約の請負代金の額（当該下請契約が二以上あるときは，それらの請負代金の額の総額）が［イ］万円以上になる場合においては，当該工事現場における建設工事の施工の技術上の管理をつかさどる監理技術者を置かなければならない。」

ア　①　元請負人　②　特定建設業者　③　一般建設業者
　　④　指定建設業者　⑤　特定専門工事業者

イ　①　3500　②　4500　③　6000　④　7000　⑤　8000

【重要問題 73】

公共性のある工作物に関する次の記述の［　　］に当てはまる語句として「建設業法」上，定められているものはそれぞれどれか。

「公共性のある工作物に関する重要な工事で政令で定めるものについては，当該［ア］に置かなければならない［イ］又は監理技術者は，特例を除き［ア］ごとに，専任の者でなければならない。」

ア　①　営業所　②　作業現場　③　建設現場　④　支店　⑤　工事現場

イ　①　主任技術者　②　代理人　③管理者　④　技術士　⑤　特例監理技術者

【重要問題 74】

主任技術者及び監理技術者に関する次の記述の［　　］に当てはまる語句として「建設業法」上，定められているものはそれぞれどれか。

「主任技術者及び監理技術者は，工事現場における建設工事を適正に実施するため，当該建設工事の［ア］，工程管理，品質管理その他の技術上の管理及び当該建設工事の施工に従事する者の技術上の［イ］の職務を誠実に行わなければならない。」

ア　①　労務費管理　②　施工計画の作成　③　施工手順書の作成
　　④　仮設計画の作成　⑤　搬入計画の作成

イ　①　試験　②　実地指導　③　指導監督　④　資格調査　⑤　指導講習

【重要問題 75】

標識の掲示に関する次の記述の［　　］に当てはまる語句として，「建設業法」上，定められているものはそれぞれどれか。

「建設業者は，その店舗及び建設工事（発注者から直接請け負った者に限る）の現場ごとに，公衆の見やすい場所に，次の事項を記載した標識を掲げなければならない。

(1)　一般建設業又は特定建設業の別
(2)　許可年月日，[ア]及び許可を受けた建設業
(3)　商号又は名称
(4)　[イ]
(5)　主任技術者又は監理技術者の氏名」

ア　①　認可番号　②　教習番号　③　許可申請番号
　　④　許可番号　⑤　許可建設業種名
イ　①　所在地　②　経営者の氏名　③　施工体系図
　　④　代表者の氏名　⑤　監督員の氏名

【重要問題 76】

建設工事の請負契約に関する次の記述の[　　]に当てはまる語句として，「建設業法」上，定められているものはそれぞれどれか。

「委託その他いかなる[ア]をもってするかを問わず，報酬を得て建設工事の[イ]を目的として締結する契約は，建設工事の請負契約とみなして，この法律の規定を適用する。」

ア　①　業務　②　方法　③　立場　④　名義　⑤　資格
イ　①　完成　②　着工　③　許可　④　設計　⑤　発注

【重要問題 77】

主務大臣に関する次の記述の[　　]に当てはまる語句として，「電気事業法」上，定められているものはそれぞれどれか。

「主務大臣は，[ア]電気工作物の工事，維持及び運用に関する保安を確保するため必要があると認めるときは，[ア]電気工作物を設置する者に対し，[イ]を変更すべきことを命ずることができる。」

ア　①　一般用　②　家庭用　③　自家用　④　鉄道用　⑤　事業用
イ　①　管理規定　②　管理者　③　保安規程　④　維持規定　⑤　作業者

【重要問題 78】

主任技術者免状に関する次の記述の[　　]に当てはまる数値として，「電気事業法」上，定められているものはそれぞれどれか。

「経済産業省令で定める事業用電気工作物の工事，維持および運用の範囲は，次の表の左欄に掲げる主任技術者免状の種類に応じて，それぞれ同表の右欄に掲げる通りとする。」

主任技術者免状の種類	保安の監督をすることができる範囲
一　第二種電気主任技術者免状	電圧［ア］V 未満の事業用電気工作物の工事，維持および運用
二　第三種電気主任技術者免状	電圧［イ］V 未満の事業用電気工作物の工事，維持および運用

ア　①　17万　②　14万　③　11万　④　7万　⑤　6万
イ　①　11万　②　7万　③　6万　④　5万　⑤　2万

【重要問題 79】

電気工作物の工事に関する次の記述の［　　］に当てはまる語句として，「電気事業法」上，定められているものはそれぞれどれか。

「事業用電気工作物の設置又は変更の工事であって，公共の安全の確保上特に重要なものとして主務省令で定めるものをしようとする者は，その工事の［ア］について主務大臣の［イ］を受けなければならない。ただし，事業用電気工作物が滅失し，若しくは損壊した場合又は災害その他非常の場合において，やむを得ない一時的な工事としてするときは，この限りでない。」

ア　①　計画　②　保安規程　③　実施　④　技術基準　⑤　監督
イ　①　安全管理審査　②　認可　③　使用前検査　④　評価　⑤　立入検査

解答

問題					条文
【重要問題 70】	ア	③	イ	④	第24条の7
【重要問題 71】	ア	④	イ	③	第24条の8
【重要問題 72】	ア	②	イ	②	第26条第2項
【重要問題 73】	ア	⑤	イ	①	第26条第3項
【重要問題 74】	ア	②	イ	③	第26条の4
【重要問題 75】	ア	④	イ	④	第40条
【重要問題 76】	ア	④	イ	①	第24条
【重要問題 77】	ア	⑤	イ	③	第42条第3項
【重要問題 78】	ア	①	イ	④	第44条
【重要問題 79】	ア	①	イ	②	第47条第1項

索　引

さ 行

●法改正・正誤などの情報は，当社ウェブサイトで公開しております。
http://www.kobunsha.org/
●本書の内容に関して，万一ご不審な点や誤り，記載漏れなどお気付きの点がありましたら，郵送・FAX・Eメールのいずれかの方法で当社編集部宛に，書籍名・お名前・ご住所・お電話番号を明記し，お問い合わせください。なお，お電話によるお問い合わせはお受けしておりません。
郵送　〒546-0012　大阪府大阪市東住吉区中野 2-1-27
FAX　(06)6702-4732
Eメール　henshu2@kobunsha.org

4週間でマスター
1級電気工事施工管理　第二次検定

著　　者　若 月 輝 彦
印刷・製本　㈱ 太 洋 社

発 行 所　株式会社　弘　文　社
〒546-0012 大阪市東住吉区中野２丁目１番27号
☎ (06) 6797—7441
FAX (06) 6702—4732
振替口座 00940—2—43630
東住吉郵便局私書箱１号

代 表 者　岡 﨑　靖

ご注意
(1) 本書の内容に関して適用した結果の影響については，上項にかかわらず責任を負いかねる場合がありますので予めご了承ください。
(2) 落丁本，乱丁本はお取替えいたします。